国家林业和草原局职业教育“十四五”规划教材

# 生态文明知与行

欧阳献　郭起华　主编

中国林業出版社
China Forestry Publishing House

**图书在版编目(CIP)数据**

生态文明知与行/ 欧阳献，郭起华主编 . --北京：中国林业出版社，2022. 8（2024. 8 重印）
国家林业和草原局职业教育“十四五”规划教材
ISBN 978-7-5219-0328-7

Ⅰ. ①生… Ⅱ. ①欧… ②郭… Ⅲ. ①生态文明-高等职业教育-教材 Ⅳ. ①X24

中国版本图书馆 CIP 数据核字(2019)第 248301 号

课程信息

国家林业和草原局职业教育“十四五”规划教材
全国生态文明信息化遴选融合出版项目

**中国林业出版社**

策划编辑：吴 卉
责任编辑：张 佳 孙源璞
电 话：010-83143561
邮 箱：books@ theways. cn
小途教育：http://www.cfph.net

出版发行：中国林业出版社
邮 编：100009
地 址：北京市西城区德内大街刘海胡同 7 号
印 刷 河北京平诚乾印刷有限公司
版 次 2022 年 8 月第 1 版
印 次 2024 年 8 月第 4 次
字 数 306 千字
开 本 787mm×1092mm 1/16
印 张 13
定 价 48. 00 元

# 编写人员


**主　　编**　欧阳献　郭起华

**副 主 编**　汤丽琼　衷亮云　魏萧萧

**编写人员**（按姓氏笔画排序）

马小焕　阮树堂　张凤英　邵新蓓

欧阳献　胡　澎　衷亮云　郭起华

彭　飞　魏萧萧

**主　　审**　肖忠优　张孝金　徐　飞

# 前言 FOREWORD

保护自然环境，建设生态文明和美丽中国，关乎中华民族长远福祉和人类共同命运。党和国家高度重视生态文明建设，将其提升为中华民族永续发展的千年大计，吹响了走向社会主义生态文明新时代的伟大号角。生态文明教育具有基础性和先导性作用。必须用生态文明理念化育人心，引导实践，培育全社会的生态文明品格和知行合一的精神。培育生态文明一代新人，是新时代赋予高校的新使命和新任务，基于此我们编写了本书。

为做好本书编写工作，我们成立了跨学科、多元化的编写小组，编写小组采取分工合作的方式，将自然科学与人文科学相结合，按专题形式进行编排，从知行合一的角度出发，确保本书的编写质量。

本书既是一本教材，又是一本科普读物。全书共有五篇十七节，分别是：第一篇 绿色之忧：生态危机；第二篇 绿色新政：生态之治；第三篇 绿色之源：生态文化；第四篇 绿色发展：生态产业；第五篇 绿色生活：生态实践。书稿各部分编写分工如下：第一篇由魏萧萧编写；第二篇第一节由魏萧萧编写，第二节由欧阳献编写，第三节由邵新蓓编写；第三篇第一至第二节由郭起华编写，第三节由魏萧萧编写；第四篇第一节由衷亮云编写，第二节由彭飞编写，第三节由阮树堂编写，第四节由马小焕编写；第五篇第一至第二节由张凤英编写，第三节由胡澎编写。

由于水平有限，书中难免会出现不足之处，敬请读者批评指正。

编　者

2022 年 1 月

# 目录 CONTENTS

# 第四篇　绿色发展：生态产业



# 第五篇　绿色生活：生态实践

# 第一篇　绿色之忧：生态危机

据《中国大百科全书》记载，人类在地球上存在了 600 万年了。在漫长的历史长河中的绝大部分岁月里，人类都在为解决温饱和生存问题而奔波。人类诞生早期虽然生产力低，但基本处于与自然环境相协调的状态。自 19 世纪中叶欧洲开始产业革命以来，特别是 20 世纪 50 年代以来，全球的经济活动飞速发展，大量生产、大量消费、大量废弃的社会经济系统使人类的生活变得空前舒适方便，但人类为此也付出了极大的代价。

一是生态破坏和环境污染，造成了巨大的经济损失。

二是环境污染成为影响人体健康的重要危险因素之一。在我国人民健康水平不断提高的形势下，一些与环境污染相关疾病的死亡率或患病率持续上升。2021 年全国恶性肿瘤发病数 380. 4 万例，全国癌症死亡数 229. 6 万例。这意味着平均每天超过 1 万人被确诊为癌症。其中，与生态环境、生活方式有关的肺癌、肝癌、结直肠癌的死亡呈明显上升趋势。

三是环境问题危及公共安全与社会和谐，污染事故频发威胁环境安全。我国重大环境突发事件呈现上升趋势，不仅影响了广大人民群众正常的生产、生活秩序，而且有些有毒有害物质的贻害难以在短时间内消除，对环境污染事故发生区及毗邻区的环境安全造成长期威胁，甚至造成国际影响。因环境污染纠纷而引发的群体性事件，成为影响社会不稳定因素之一。环境投诉也成为社会投诉热点之一。

四是环境问题影响和平发展。在十多条跨界河流上处于上游，在气候变化、臭氧层消耗、酸雨、跨界河流污染等全球和区域环境问题上，我国既是受害者又是责任人，对外贸易和投资的环境管理面临新的挑战。

目前“中国特色社会主义进入了新时代”，生态环境保护正在发生历史性、转折性、全局性变化。中国共产党第十九次全国代表大会后在全国形成强大生态文明共识，开启了新时代生态环境保护工作的新阶段。习近平总书记强调，对于新时代的生态环境保护任务，党的十九大作出了推进绿色发展、着力解决突出环境问题、加大生态系统保护力度、改革生态环境监管体制、坚决制止和惩处破坏生态环境行为等行动部署，要求打好污染防治攻坚战和自然生态保卫战，久久为功，为保护生态环境做出我们这代人的努力。

本书中，“环境”一词是指对人类而言，直接或间接影响人类生存和发展的一切自然形成与人为加工的外部世界物质和能量的总和。人类的环境有别于其他生物的环境，它包括自然环境和社会环境两大部分。前者是指直接或间接影响人类生活和生产的生物有机体、无机体（如空气、陆面、水、土壤等），是人类发生、发展和生存的物质基础，按其主要组成要素，可再分为大气环境、水环境、土壤环境、生物环境、地质环境等；后者是指由于人类活动而形成的各种事物，包括由人工形成的物质、能量和精神产品以及人类活动形成的人际关系等。

为了更好地认识环境问题、人与环境的关系，增强环境保护的意识和责任感，本章分大气环境问题、水环境问题、土壤环境问题和其他环境问题共四节进行叙述。

## 第一节　天空之殇——大气环境问题

### 一、地球的美丽外衣——大气层

#### （一）大气层的结构与组成

包围地球的空气称为大气。在地球表面覆盖着厚厚的一层大气，连续的大气组成了地球的大气圈，它是地球重要的组成部分，是地球母亲的美丽外衣。遨游太空的宇航员，从遥远的星际空间鸟瞰地球，大气层就像一层淡蓝色的薄雾紧裹着地球，把地球装扮成茫茫宇宙中最美丽的天体。

大气的主要成分是氮、氧、氩和二氧化碳，这四种气体占空气总体积的99.98%。其中，氮气占空气体积的78%，是大气中含量最多的气体，由于其化学性质不活泼，因此，在自然条件下很少能与其他成分起化合反应，只有在豆科植物根瘤菌的作用下才能变为被植物体吸收的氮化物。氮是地球上生命体的重要成分，是工业、农业化肥的原料。氧气约占空气体积的21%，它的化学性质活泼，大多数都是以氧化物形式存在于自然界中。氧是生命活动的根本。正是由于氧的存在，才使得一切生物体的生命活动得以进行。

此外，空气中还有水蒸气、二氧化碳、氖、氦、氪、氩、氙、臭氧等稀有气体以及悬浮颗粒物。

地球大气的总质量约为 $5.136\times10^{21}$ 克，相当于地球总质量的百万分之 0.86。由于地心引力作用，使全部的气体几乎都集中在地面至 100 千米高度的范围内。一般把大气层在垂直方向上划分为对流层、平流层、中间层、热层和散逸层五个层次。

大气层结构如图 1-1 所示。

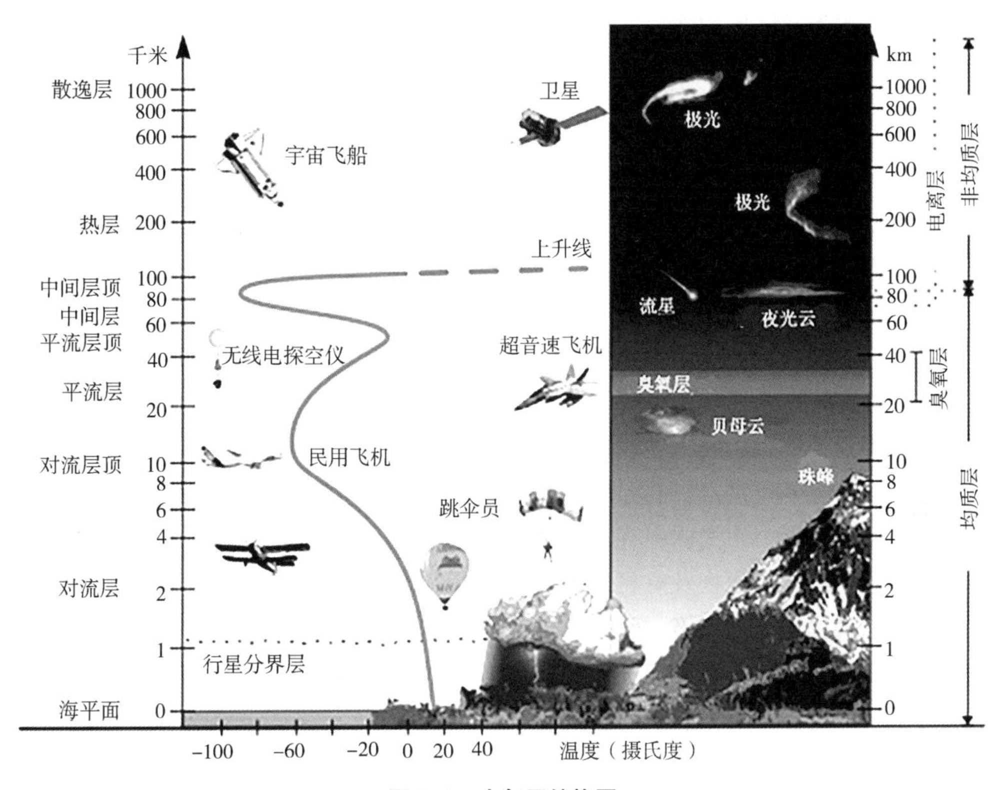


**图 1-1　大气层结构图**

从地面至海拔 8~14.5 千米都属于对流层，它集中了大气质量的 3/4 和几乎整个大气中的水汽和杂质，但对流层并不均匀，在两极较薄，赤道较厚。

对流层上面的大气层被称为平流层，顾名思义，平流层中的气体流动十分平稳，能见度好，是良好的飞行层次。它的范围是对流层以上至海拔大约 50 千米的大气圈区域。

中间层自平流层向上至海拔 85 千米，温度在这里随高度增高而降低，终至约零下 93 摄氏度，几乎是整个大气层中的最低温。

热层是中间层以上至海拔约 600 千米的区域。这里的温度由于太阳辐射再一次随高度增加而升高，化学反应相对于地表要快许多，物质基本上都以其高能状态存在。热层中的氮气、氧气、臭氧气体在强烈太阳紫外辐射和宇宙射线作用下，处于高度电离状态，因而又称为电离层。电离层具有吸收和反射无线电波的能力，能使无线电波在地面和电离层间经过多次反射，传播到远方。

散逸层是指 800 千米高度以上的大气层。这一层的气温随高度增高而升高。

在这几个气层中，对流层和平流层与人类生活的联系最为密切。对流层是人类及生物主要活动的区域，所以一般的大气污染物，会在这里产生，人们通常所说的大气污染也是指的这一范围内的空气污染。然而更为严重的是，如果污染物上升到对流层以上的大气区域的话，那么它就很有可能造成严重的危害。

### （二）大气的自净与污染

无垠的大气有着极为宽广的胸怀，它无私地为地球生物提供着它们所需要的空气资源，当少量的有害物质进入大气时，大气能将它们无限稀释，超强的自净能力把有害物质的危害化为乌有，保持空气的洁净。但是，当排入大气的有害物质超过大气的自净能力时，大气就被污染了。被污染的大气反过来会对人类和环境造成巨大的危害。

大气污染就是指大气中污染物或由它转化成的二次污染物的浓度达到了有害程度，以致破坏生态系统和人类正常生存和发展的条件，对人或物造成危害的现象。它主要表现为大气中尘埃、二氧化碳、一氧化碳、氮氧化物、二氧化硫等可变组分含量的增加超过了正常空气的允许范围，从而危及生物的正常生存。

据不完全统计，大气圈中有数百种大气污染物，主要可分为粉尘微粒、硫化物、氧化物、氮化物、卤化物及有机化合物等。粉尘微粒主要有碳粒，飞灰，硫酸钙，氧化锌，二氧化铅，镉、铬、砷、汞等金属微粒和非金属微粒。其中影响范围广、对人类环境威胁较大的有粉尘、二氧化硫、二氧化氮、一氧化碳、氟、氟化氢、硫化氢等。

目前全世界每年排入大气中的污染物总量超过 10 亿吨，其中粉尘和二氧化硫占 40%，一氧化碳占 30%，二氧化氮、碳氢化合物及其他气体占 30%。这些污染物性质各异，来源也极其复杂。按其产生的原因，也可分为自然污染源和人为污染源。

自然污染源是自然原因造成的。如火山爆发喷出大量的火山灰和二氧化硫，大风刮起地面的沙土灰尘，森林火灾产生大量的二氧化碳、二氧化硫及灰尘，陨石坠落在大气层中燃烧变成尘埃和多种气体等。自然污染物目前还难以控制，但它所造成的污染是局部的、暂时的，通常在大气污染中起次要作用。

人类生产和生活活动所造成的污染称为人为污染源。人类的活动，尤其是近代工业的发展向大气中排放了巨量的污染物质，其数量越来越多、种类也越来越复杂，是导致大气污染的主要因素，一般所说的大气污染问题，主要是指由人为因素引起的污染。人为污染源主要分为工业污染源、生活污染源、交通污染源三类。

我国发布的第一批有毒有害大气污染物——《有毒有害大气污染物名录（2018年）》，共涉及 11 类有毒有害物质，分别是二氯甲烷、甲醛、三氯甲烷、三氯乙烯、四氯乙烯、乙醛、镉及其化合物、铬及其化合物、汞及其化合物、铅及其化合物、砷及其化合物。以上污染物是优先实施有效管控的固定源排放的化学物质。

### （三）大气污染的危害

空气是人类生存最重要的环境因素之一，清洁的空气是保证人体生理机能和健康的必要条件，而被污染的空气则会给人体健康和生态环境带来巨大的危害。

**1. 大气污染危害人体健康**

受污染的大气进入人体，主要表现为化学性物质、放射性物质和生物性物质等3类物质对人体健康的危害。可导致呼吸、心血管、神经等系统疾病或其他疾病。

（1）燃烧煤和石油排入大气的有害化学物质最多。最常见的有总悬浮微粒，包括降尘和石棉、金属粉尘。有害气体包括二氧化硫、碳氧化物、氨氧化物和碳氢化物。还有大气二次污染物光化学氧化剂和硫酸雾等。大气中有害化学物质直接刺激上呼吸道，引起支气管炎和肺气肿等疾病。

（2）大气中无刺激性的有害气体，例如，一氧化碳，由于不能被人体感官所觉察，危害性更大。大气中的有害有机物，如多环芳香烃可检出30多种，其中苯并（a）芘的存在，致癌性很强，还含有潜在危害的化学物质，如镉、铍、锑、铅等无机化合物对机体的健康危害易形成慢性中毒。有些有害化学物质对眼睛、皮肤有刺激作用。

（3）大气被放射性物质所污染，人体照射后，往往会引起慢性疾病。

（4）大气污染中的飘尘对人体呼吸道危害甚大。

（5）生物性物质污染对人体健康有影响。生物性污染是一种空气变应原，如花粉的产生，可诱发鼻炎和气喘等病变。

**2. 大气污染对植物的影响**

大气污染物浓度超过植物的耐受限度时，会使细胞和组织器官受损，生理功能受阻，产量下降，产品变坏，导致植物个体死亡。大气污染对植物的影响可分为群落、个体、器官组织、细胞和细胞器、酶系统等5个方面。

**3. 大气污染对动物的危害**

动物往往由于食用、饮用积累了大气污染物的植物和水会受到不同程度的危害，或吸入有害物质严重污染了的空气而中毒死亡。

**4. 大气污染对材料的损害**

大气污染是城市地区经济损失的一大原因。这种损害表现为腐蚀金属和建筑材料，损坏橡胶制品和艺术造型，使有色材料褪色等。大气污染物对材料损害的机制是：磨损、直接的化学冲击（如酸雾对材料的腐蚀）、电化学侵蚀等。影响因素则有湿度、温度、阳光、风等。

**5. 大气污染对全球气候的影响**

大量的污染物排放于大气，干扰着人类赖以生存的太阳和地球之间的热平衡。据推测地球的能量平衡稍有干扰，全球平均温度可能改变2摄氏度。若低2摄氏度，则变成另一个冰河时期，若平均气温升高2摄氏度，则变成无冰时代，同样将会给全球带来灾难。

目前，地层大气中的微粒主要是由自然界火山爆发及海水吹向大气中的盐所形成的盐类微粒和尘埃，人为污染源释放于大气的微粒只占20%左右。大气中的微粒作为凝结核促使水蒸气凝结形成雾，空气变为浑浊，使云量和降水增加，使雾的出现频率增加，降低能见度。

**6. 大气污染危害农业**

大气污染对农作物的危害分3种类型：急性危害，在污染物高浓度时，农作物短时间内造成危害，叶面枯萎脱落，直至死亡，造成农作物减产；慢性危害，在污染物低浓度时，因长时间作用所造成的危害，使农作物叶绿素褪色，影响生长发育；不可见危害，指污染物质对农作物造成生理上的障碍，抑制生育发展，造成产量下降。

### （四）空气质量标准

空气质量指数（Air Quality Index，简称AQI）是定量描述空气质量状况的无量纲指数。空气质量指数标准及相关信息见表1-1。

**表1-1　空气质量指数标准及相关信息**

| AQI数值 | AQI级别 | AQI类别及表示颜色 | | 对健康影响情况 | 建议采取的措施 |
| --- | --- | --- | --- | --- | --- |
| 0~50 | 一级 | 优 | 绿色 | 空气质量令人满意，基本无空气污染 | 各类人群可正常活动 |
| 51~100 | 二级 | 良 | 黄色 | 空气质量可接受，但某些污染物可能对极少数异常敏感人群健康有较弱影响 | 极少数异常敏感人群应减少户外活动 |
| 101~150 | 三级 | 轻度污染 | 橙色 | 易感人群症状有轻度加剧，健康人群出现刺激症状 | 儿童、老年人及心脏病、呼吸系统疾病患者应减少长时间、高强度的户外锻炼 |
| 151~200 | 四级 | 中度污染 | 红色 | 进一步加剧易感人群症状，可能对健康人群心脏、呼吸系统有影响 | 儿童、老年人及心脏病、呼吸系统疾病患者避免长时间、高强度的户外锻炼，一般人群适量减少户外运动 |
| 201~300 | 五级 | 重度污染 | 紫色 | 心脏病和肺病患者症状显著加剧，运动耐受力降低，健康人群普遍出现症状 | 儿童、老年人和心脏病、肺病患者应停留在室内，停止户外运动，一般人群减少户外运动 |
| >300 | 六级 | 严重污染 | 褐红色 | 健康人群运动耐受力降低，有明显强烈症状，提前出现某些疾病 | 儿童、老年人和病人应当停留在室内，避免体力消耗，一般人群应避免户外活动 |

## 二、地球“发烧”——全球气候变暖

### （一）“发烧”的原因

地球被大气层包围，包围地球的大气是多种气体的混合物。阳光照在地球上，为地球带来能量；地球通过辐射释放能量，以维持内部平衡。大气层中的一些分子（主要是二氧化碳，还有水蒸气、甲烷等）特别容易吸收长波辐射，而对短波透明。因此，太阳的短波辐射可以长驱直入通过大气层被地球表面吸收，这就导致了地面温度的升高，因此它会释放长波热辐射，如红外辐射，这些热辐射会被大气中的二氧化碳等分子吸收（图 1-2）。这些分子阻碍了一部分能量的散发，积聚的能量使地表平均温度不断上升。整个过程很像温室用了透明罩而提高了温度，科学家把这种地球大气的保温效应称为“温室效应”。

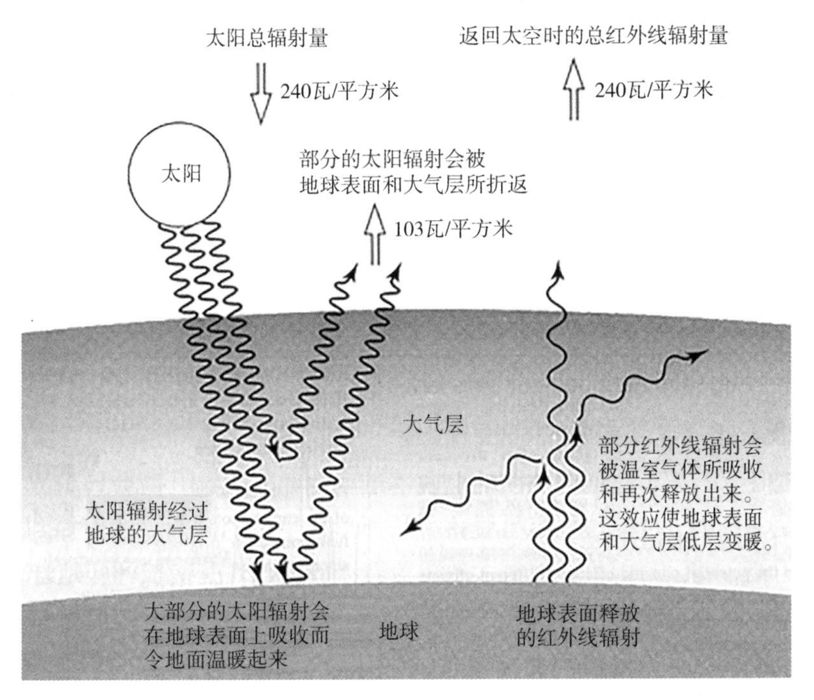


**图 1-2　太阳辐射的收入与支出**

事实上，温室效应早在地球形成时就开始了。如果没有温室效应，地球表面的温度只有零下 20 摄氏度，海洋呈结冰状态，这种恶劣的环境下就不会有生命产生，更谈不上如今地球表面的温暖舒适了。在通常情况下，地球表面的温度处于一个动态的平衡状态，但这个平衡是以十分微妙的力学关系来维持的，只要对它施以较少的能量，就有打破热平衡的可能。当然，温室效应导致的全球变暖的一部分原因可能是自然界自身的变化。然而，几乎所有的科学家都一致认为：最主要的原因还是人类自身的活动。

人类的活动可使大气中的二氧化碳、尘埃、水汽等增加，从而改变大气的成分，随之影响大气的透明度和热辐射，从而导致地球气温发生变化。二氧化碳是产生温室效应的主要气体，对温室效应有55%的贡献。自然界中每年有400亿~900亿吨的二氧化碳被绿色植物光合作用所固定，同时每年动植物呼吸、微生物的分解及燃烧等，又把数量相当的二氧化碳释放到大气中去，所以千百年来大气中的二氧化碳含量基本保持不变，长期保持在占大气组分的0.03%这个水平上。

但近一个世纪以来，随着现代工业和运输业的迅速发展，大量的化石燃料被燃烧，数亿万吨的二氧化碳被释放到大气中去，每年的排放量可达500亿吨，严重干扰了大气中二氧化碳的动态平衡。二氧化碳越多意味着地球表面附近积聚的热量也越多，这就是我们所说的全球变暖。当然大气中其他多种气体与全球变暖的关系也不可忽视，包括氟氯烃、甲烷、低空臭氧和氮氧化物气体，其中氟氯烃的吸热和隔热作用甚至大大高于二氧化碳。

### （二）全球气候变暖的影响

地球增温几度有什么大不了呢？为什么人们忧心忡忡？为了了解全球变暖对地球的影响，科学家们开展了调查。通过测量格陵兰岛冰块中空气泡得知，与工业化时代相比，目前大气层中的二氧化碳含量增加了17%。另一项调查数据表明，19世纪末，地球气温约14.5摄氏度，现已达15摄氏度，也就是近100年全球平均温度上升了0.5摄氏度。0.5摄氏度听起来不算多，但事实上，足以对整个地球产生重大的影响。

#### 1. 全球变暖导致海平面上升

冰山是巨大的冰，它们会从大陆上脱落进入海洋。气温升高会导致冰川不再坚固，出现更多裂缝，使冰块更容易脱落，从而形成更多的冰山。冰山掉到海中，海平面就会升高一些。目前世界上最大的覆盖着冰的大陆块是南极洲，地球上90%的冰都在那里。覆盖南极洲的冰层的平均厚度是2133米。如果南极洲所有的冰都融化，全球海平面将升高大约61米。科学家们认为，如果大气温度上升2~6摄氏度，南极冰帽将基本消失。

太平洋岛国图瓦卢，1978年6月实行自治，10月1日独立，是联合国公布的世界最不发达国家之一。图瓦卢海拔最高4.5米。由于地势极低，持续上升的气温和海平面严重威胁着图瓦卢，使这个国家面临国土沉入海底的危险（图1-3）。图瓦卢资源匮乏，土地贫瘠，只有少数植物可以生长，几乎没有天然资源。2001年11月，图瓦卢领导人在一份声明中说，他们对抗海平面上升的努力已宣告失败，该国居民将逐步撤离，举国搬迁至新西兰。

国际气候变化委员会曾推测，到2100年，海平面可能升高50厘米，最低估值为 15 厘米，最高估值为 95 厘米，主要原因来自海洋温度的升高和冰川冰层的融化。50 厘米可不是小数字，可对居住在沿海地区约占全球 50% 的人口将带来严重的影响，一些沿海低地和岛屿可能被淹没，其中包括几个著名的国际大城市：纽约、上海、东京和悉尼。

图 1-3 正在“沉入”太平洋的国家——图瓦卢

**2. 全球气候变暖引发全球气候异常**

由于温室效应引起的气候变暖并不是均匀的，而是高纬升温多，低纬升温少；冬季升温多，夏季升温少。而在中纬度地区，夏季温度可能上升到超出地球平均温度的 30%~50%。这种变化必然造成气候带的调整，气候带的调整又必然引起自然带的变化。据估计，全球平均气温升高 1 摄氏度，气候带和自然带约向极低方向推移 100 千米。如全球平均气温升高 2. 5 摄氏度，则现在占陆地面积 3%的苔原带将不复存在，其他气候带和自然带的界限变化，对界面附近的生态系统冲击大。

地球表面气温升高，各地降水和干湿状况也会发生变化，现在温带的农业发达地区，由于气温的升高，蒸发加强，气候会变得干旱，农业区退化成草原，干旱区会变得更干旱，土地沙漠化，使农业减产。

气候变暖还会引起降水量和降水空间分布和时间分布的变化，不少地区的旱涝灾害加剧。我们每年将会见到更多更强的风暴，如飓风和龙卷风。21 世纪以来，登陆中国台风的比例和强度明显增加，平均每年有 8 个台风登陆，其中有一半最大风力达到或超过 12 级，比 20 世纪 90 年代增加 46%。

喜马拉雅山上的冰川是整个亚洲地区水循环的源头，是东亚南亚几乎所有的大河源头，包括长江、恒河、湄公河等，但现在喜马拉雅山的终年积雪和冰川在减少，直接影响亚洲20多亿人的饮水。在西伯利亚的永久冻土带，其地下蕴含有大量的甲烷，如果气温持续上升，会释放冻土中的甲烷，使气候变暖骤然加剧，无法控制，产生无法预料的后果。

2016年9月，台风“莫兰蒂”导致厦门市65万棵树倒伏，房屋损毁17 907间，农作物受灾面积10.5万亩，直接经济损失102亿元。在中国大陆共造成28人死亡、49人受伤、18人失踪（图1-4）。

**图1-4　2016年第14号超强台风——“莫兰蒂”袭击厦门**

**3. 全球气候变暖使病虫害增加**

在中国，随着气温的上升，啮齿类动物、致病昆虫、病毒病菌等大量生长繁殖，从而导致疟疾、出血热、乙型脑炎、食物中毒等各种虫媒性疾病的发病概率大幅度上升，给中国健康事业的发展带来危害。

传播疾病蚊子由卵到成虫一般需2周，水温高可1周；气温低于16摄氏度时，蚊子基本不叮咬吸血，20摄氏度才活动，25摄氏度以上活动显著增多。另外，气候变暖也有利于携带病原体的老鼠等动物的繁衍与活动。气候变暖还会有利于病原体活动增强致病力增高。乙型脑炎病毒、登革热病毒在蚊体内繁殖复制的适宜温度在20摄氏度以上，26~31摄氏度时病毒复制增加，传染力增强；低于16摄氏度不繁殖。间日疟原虫孢子增殖时间，在14.5摄氏度时为105天，而在27.5摄氏度只需8.5天。霍乱弧菌及大多数细菌适宜的生长温度为16~42摄氏度，16摄氏度以下则不易繁殖。

因此，随着全球气候变暖，将会使原本在夏秋季流行的传染病流行季节延长，也会使原本局限在热带和亚热带流行的肠道传染病、虫媒传染病、寄生虫病逐渐向温带甚至寒冷地区扩散。

#### 4. 全球气候变暖带来的其他问题

珊瑚礁养活着四分之一的海洋物种以及10亿人口。当水体温度过高或者太阳强度过强时，珊瑚会把共生的藻类排到体外。珊瑚礁对温度的轻微变化非常敏感，目前已经有超过30%的珊瑚礁物种消失。

### （三）如何应对全球气候变暖

随着对气候变化认知的深入和国际社会的日益关注，气候变化问题已由科学问题转化为环境、科技、经济、政治和外交等多学科领域交叉的综合性重大战略问题，因而引起了国际社会和各国政府的高度重视。

1988年，联合国大会通过为当代和后代人类保护气候的决议。1990年，政府间气候变化专门委员会（Intergovernment Panel on Climate Change，简称IPCC）发布第一次《气候变化科学评估报告》。1992年，联合国环境发展大会通过《联合国气候变化框架公约》，最终目标是稳定温室气体浓度水平，以使生态系统能自然适应气候变化、确保粮食生产免受威胁并使经济可持续发展；基本原则是共同但有区别的责任。1997年，通过《京都议定书》，这是人类历史上首次以国际法律形式限制温室气体排放，提出了发达国家、发展中国家的减排目标和义务。2009年12月，哥本哈根气候变化大会形成《哥本哈根协议》。2015年12月，在法国巴黎召开的联合国气候变化大会通过《巴黎协定》，并于2016年11月4日正式生效。尽管《巴黎协定》为全球气候治理开启了一个新的阶段，但是美国宣布退出这一协定却为新阶段增添了变数。全球气候治理的政治进程充满变化但却缓慢前行。

我国于2008年在国家发展和改革委员会设立应对气候变化司，承担国家应对气候变化及节能减排工作领导小组有关应对气候变化方面的具体工作，并综合分析气候变化对经济社会发展的影响，组织制定应对气候变化重大战略、规划和重大政策。

绿色低碳安全发展，是我国稳步发展并实现可持续发展的重要路径，也是我国经济社会发展的重大战略和生态文明建设的重要途径。实现碳排放总量得到有效控制，加大非二氧化碳温室气体控排力度；深化低碳试点示范，加强减污减碳协同作用；提升公众低碳意识；加快发展非化石能源，积极有序推进水电开发，安全高效发展核电，稳步发展风电，加快发展太阳能发电，积极发展地热能、生物质能和海洋能；推动城镇化低碳发展。加强城乡低碳化建设和管理，建设低碳交通运输体系，加强废弃物资源化利用和低碳化处置，倡导低碳生活方式。

落实碳达峰、碳中和战略目标，建设和运行全国碳排放权交易市场。

此外，地球上可以吸收大量二氧化碳的是海洋中的浮游生物和陆地上的森林，尤其是热带雨林和草坪。因此，保护好森林和海洋，不乱砍滥伐森林，不让海洋受到污染以保护浮游生物的生存。同时，还可以通过植树造林、不践踏草坪等行动来保护绿色植物，使之吸收更多的二氧化碳来帮助减缓温室效应。

## 三、地球“眼泪”——酸雨

### （一）酸雨的定义及其形成

#### 1. 酸雨的定义

“酸雨”一词最早是在20世纪50年代由英国的史密斯（R. A. Smith）提出来的。顾名思义，酸雨是一种酸性的雨，它是雨水中包溶一些酸性物质所形成的。在化学上，液体的酸碱程度用pH值表示。pH值小于7时，液体就是酸性；pH值越小，表明液体酸性越强。正常情况下的雨水由于溶解了大气中的二氧化碳，故偏酸性，pH值约为6，国际上规定pH值低于5.6的雨称为酸雨，pH值低于5.0为较重酸雨，低于4.5为重酸雨。

广义的酸雨是指任何形式的具有酸性成分的沉淀，如硫酸或硝酸以湿态或干态形式从大气中沉降到地面。在自然环境中，包括雨、雪、雾、冰雹甚至是酸性的灰尘都可以成为酸雨和酸沉降的载体。

#### 2. 酸雨的形成

酸雨的形成是诸多自然和人为因素综合作用导致的。燃烧过程中排放的硫氧化物和氮氧化物愈来愈多，这些酸性物质排放到大气中使大气水汽酸化，随雨雪等从大气层降落到地球表面形成酸性降水。同时，较高的温湿度、较强的太阳辐射有利于酸性前体物硫酸根、硝酸根向硫酸盐、硝酸盐转化，增加酸雨形成的机会（图1-5）。

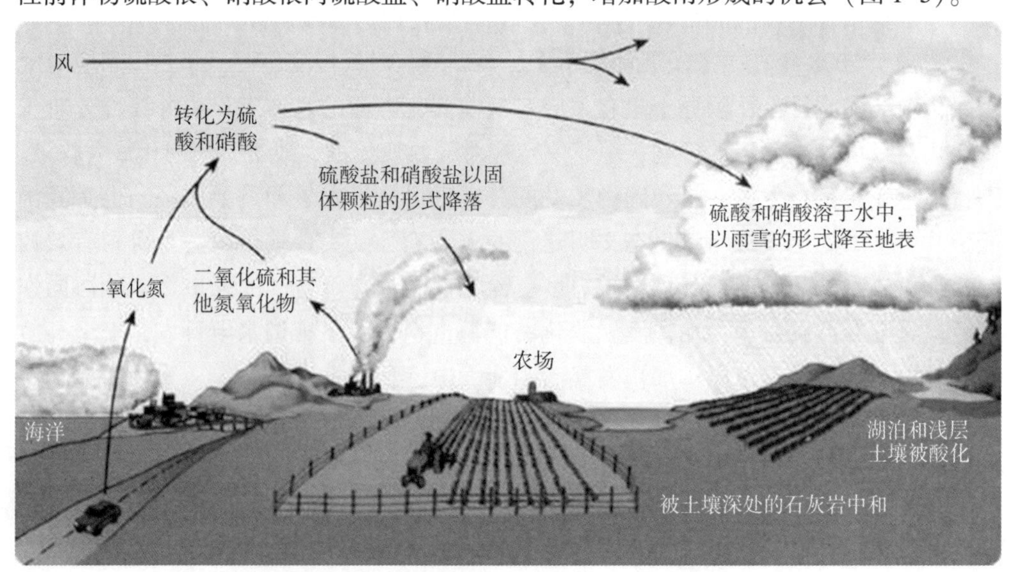


图1-5 酸雨的形成及其影响（来源：中国数字科技馆）

据历史资料，早在1852年，英国化学家史密斯就已发现，在工业化城市，由于烟尘的污染而使雨水呈酸性。在20世纪以前的降雨一般为正常，酸雨极为罕见，而20世纪40年代以后，酸雨才频繁发生。尤其是在发达国家如美国、英国、法国、德国、比利时、荷兰等都多次出现酸雨。美国自1939年第一次记录到pH值为5.9的降雨以来，酸雨随着工业生产的发展不断加重，pH值在4以下的酸雨已较多发生，美国的15个州降雨的pH值平均在5以下，西弗吉尼亚州甚至降下pH值为1.5的酸雨，这是最严重的记录之一。1998年上半年，中国南极长城站8次测得南极酸性降水，其中一次pH值为5.46。

著名的“北美死湖酸雨事件”发生在20世纪70年代，美国东北部及加拿大东南部地区的湖泊开始变质，水质酸化，pH值一度低到1.4，污染程度较弱的湖泊pH值仍有3.5，依然带有极强的酸性。据纽约州的阿迪龙达克山区数据记载，1930年那里只有4%的湖泊无鱼，1975年已有50%的湖泊无鱼，其中200个都已成为死湖，可见酸雨的破坏性。

酸雨以前主要分布在欧洲和北美地区，但近来随着经济的高速发展，在东北亚地区出现了世界第三大酸雨区。

中国长江以南土壤呈酸性、大气颗粒物酸化缓冲能力小、气温高、湿度大，并有一定的前体物排放强度，这些因素都有助于降水酸化，因此中国南方出现了区域性严重酸雨。北方虽然酸雨前体物排放强度很大，大气中二氧化硫、氮氧化合物浓度高，降水中硫酸根、硝酸根浓度也很高，但大气颗粒物的碱性物质钙离子和氨根含量大，中和了大气和降水中的酸性物质，使降水的酸度低于中国南方地区。

### （二）酸雨的危害

酸雨不仅影响动植物，还严重危害无生命的物质，从美丽的雕塑到古老建筑，从钢铁桥梁到水泥房屋，都在酸雨的腐蚀下受到严重破坏，造成十分巨大的损失(图1-6至图1-9)。

**图1-6　酸雨对建筑物的腐蚀**

**图1-7　在被酸雨溶解的玛雅神庙遗迹**

图 1-8　酸雨腐蚀后的森林

图 1-9　死于酸雨酸雪污染的溪鳟

**1. 对动物的危害**

酸雨的生态效应在水生环境中最为明显，如溪流，湖泊和沼泽，首当其冲的便是鱼类和其他野生动物。酸性雨水流经土壤时，会从土壤黏土颗粒中置换出铝元素，然后流入溪流和湖泊中。引入生态系统的酸越多，铝的释放量就越大。

大量的铝元素又会有什么危害呢？自然界中，某些类型的动植物能够耐受酸性水和适量的铝。然而其余大部分生物，则对酸环境较为敏感，并且会随着 pH 值的下降而死亡、绝灭。

大多数生物中的年轻物种比成年物种对环境条件更敏感。在 pH 值为 5 时，大多数鱼卵已经无法孵化。若 pH 值继续降低，甚至成年鱼类也会死亡。

另外，一些酸性湖泊没有鱼类。其原因并不完全是鱼类的耐受力问题，即使某种鱼类可以忍受适度的酸性水，但它所吃的动物或植物也可能无法忍受，进而影响其生存条件。例如，青蛙的临界 pH 值约为 4，但是它们的食物——浮游生物却对 pH 值更敏感，在 pH 值低于 5. 5 时可能无法生存。

**2. 对植物的危害**

在受酸雨影响的地区，枯木和衰败是代表性的“景色”。直接原因仍旧是酸雨从土壤中浸出铝，过量铝对植物和动物有害。更重要的是，酸雨还从树木生长所需的土壤中带走了矿物质和养分，树木无法存活只留下褐色或枯死的叶子和枝干。

许多经历酸雨的森林、溪流和湖泊，若在无人为干扰的条件下，这些地区的土壤可通过调节中和雨水酸碱度缓和酸雨，是具有一定自承载能力的，不会受到过重影响。

但是人类各项工业活动日益声势滔天，严重超过了生态环境的承载能力，在部分酸、铝的敏感区域，有害物质大量聚集在土壤中，破坏自然的平衡法则，导致大量植物死亡。

**3. 对气候的影响**

在大气中，二氧化硫和氮氧化物气体可以转化为硫酸盐和硝酸盐颗粒，而某些氮氧化物也可以与其他污染物反应形成臭氧。这些颗粒和臭氧的相互作用，会使空气产生一种独特的朦胧感，就是“霾”。

空气中大量的粒子让大气变得浑浊，看上去具有特殊的“美感”，但是被吸入人体后，可是会实实在在地带来损害，呼吸道受损、心血管影响等。

还有另一种气候变化，会对环境造成短时间的影响，那就是冰雪消融或是倾盆大雨会导致所谓的间歇性酸化。当融化的雪或倾盆大雨带来大量的酸性沉积物，土壤无法缓冲时，通常湖泊可能会暂时遭受酸雨的影响，这是对环境承载能力的考验。高酸度（即较低的 pH 值）的持续时间虽然很短，但是依旧可能会对生态系统造成短期压力，在生态系统中可能会伤害或杀死各种生物或物种。

**4. 对建筑材料的危害**

酸雨对大理石建筑物的腐蚀作用最为强烈，它可与建筑石料发生化学反应，生成不溶于水的硫酸钙，被水冲刷掉。在雨水淋不到的部位，碳酸钙转化为硫酸钙后形成外壳，然后成层剥落。

印度著名古建筑泰姬陵，原以洁白晶莹举世闻名，可是近 20 年来，由于酸雨的腐蚀，这座白色大理石建筑竟泛出黄色。雅典古城堡，是 2000 年前人类文明的杰出代表，是希腊民族的骄傲，它以精美绝伦的大理石建筑和雕塑艺术而闻名于世，展现了古代人民高超的智慧和优美的建筑艺术。然而由于近代酸雨的摧残，这些建筑遭受了前所未有的损伤，精美的建筑一层层地剥落，面目全非。在著名的帕特农神庙，昔日光滑无瑕的白色大理石柱，被酸雨侵蚀后在表面凝结了 1 厘米多厚的石膏（硫酸钙）层，完全失去了原先的光泽；神庙上端那些以古希腊神话为题材的大理石浮雕和花纹图案，已被酸雨溶蚀得斑斑驳驳，面目模糊。亭亭玉立在埃雷赫修神庙前的 6 位少女神像也已变得污头垢面，失去了往日的神采。

酸雨对金属材料的腐蚀同样不可小视。酸雨对金属材料有很强的腐蚀作用，使世界各地的钢铁设施、金属建筑物迅速锈蚀，由此造成的损失难以估量。据研究，酸雨对金属材料的腐蚀速率为非酸雨区的 2~4 倍。法国的埃菲尔铁塔由于受到酸雨的侵蚀，每年都要花大量金钱来维修保养。美国纽约自由岛上的自由女神铜像，早已披上了一层厚厚的铜绿，近 20 年来，酸雨侵蚀速度显著加快，不得不耗巨资进行清洗和保护。酸雨还使火车轨道、金属桥梁、工矿设施、电信电缆等加速腐蚀，使用期限大大缩短。

**5. 对人体健康的影响**

酸雨还严重损害人体健康。酸雨或酸雾对人的眼结膜、呼吸道等的伤害程度要比干性的二氧化硫大 10 倍。酸雨还会通过饮用水源等渠道进入人体，对人体造成伤害，诱发多种疾病，尤其是老人和儿童。

### （三）酸雨的防治

采取有效措施控制二氧化硫等酸性气体的排放是防止酸雨发展的根本对策。对于二氧化硫点污染源（如发电厂等），要求必须进行消烟、除尘和脱硫措施，严禁超标排放。对于面污染源，即千家万户生活煤炉的排放，根本解决办法是集中供热和家庭煤气化。更彻底解决污染源问题的办法是应用其他替代化石燃料的能源，改善节能工作，减少能源消耗，改进技术，提高各种效率等，这些措施将有助于减少硫氧化物和氮氧化物的排放量。

对已经酸化的土壤可以添加一定的土壤改良剂，如苛性纳、碳酸钠、消石灰、石灰石或石灰岩等化学品来中和土壤中的酸，以达到改良土壤的目的。其中消石灰和石灰石最为常用。但这种方法仅是一种临时性的措施，最根本的方法还是控制污染源的排放。

加速城市绿化和恢复植被，尽量选用本地的耐酸抗污树种，大力发展阔叶混交或针阔混交林，禁止在林地剃枝割草和收集枯枝落叶，以提高土壤有机质含量，缓解土壤酸度。

## 四、天空“窟窿”——臭氧空洞

### （一）“地球的保护伞”与臭氧空洞

#### 1.“地球的保护伞”——臭氧层

距地面15~50千米高度的大气平流层中，集中了地球上约90%的臭氧，其中平流层中20~26千米高度的大气中所包含的臭氧浓度值达到最高，称其为臭氧层。如果将这层臭氧单独分离，在绝对温度0摄氏度和1个大气压下，可构成一个0.29厘米厚度的纯臭氧气层。大气中臭氧的含量虽然很少，但是它在地球环境中所起的作用却非常重要。

臭氧对紫外光的最大吸收在波长255纳米，它强烈吸收阳光中波长295纳米以下、对人类和生物危害最大的短波紫外光，并能吸收大部分对生物有一定危害的波长$\lambda=280\sim320$纳米的中波紫外光（UV-B）。波长大于320纳米的长波紫外光（UV-A）可通过臭氧层到达地球表面。短波紫外光因其能量强等原因，对生物有极大的杀伤和破坏作用。

研究表明，随着光波波长的变短，紫外光对生物的损伤成倍数地增加。例如，当波长从320纳米降到280纳米时，紫外光对脱氧核酸的损伤增加4个数量级。正是由于这个原因，在大气中臭氧含量很低时，生物无法在陆地上生存，只能存在于海洋和湖泊中。植物化石的研究已证实了大气中臭氧对古生物的这种保护作用。所以我们称臭氧层是地球的保护伞一点也不过分，正是因为地球在4亿年前形成了臭氧层保护伞才有了今天的人类及今天世界上的万物。

只有长波紫外线和少量的中波紫外线能够辐射到地面，正好起到杀菌、消毒的作用。臭氧层中臭氧含量的减少，就等于在屋顶开了天窗，导致太阳对地球紫外线辐射增强。如果大气中臭氧含量减少 1%，地面受紫外线辐射就会增加 2%～3%。

**2. 臭氧空洞**

科学家在 1985 年首次发现：1984 年 9—10 月，南极上空的臭氧层中，臭氧的浓度较 20 世纪 70 年代中期降低 40%，已不能充分阻挡过量的紫外线，造成这个保护生命的特殊圈层出现“空洞”，威胁着南极海洋中浮游植物的生存。据世界气象组织的报告：1994 年发现北极地区上空平流层中的臭氧含量，也有减少，在某些月份比 20 世纪 60 年代减少了 25%～30%。而南极上空臭氧层的空洞还在扩大，1998 年 9 月面积最大达到 2500 万平方千米的历史记录。在南极上空，由于臭氧总量的大幅度下降，形成的大面积臭氧稀薄区被科学家们形象地称之为“臭氧空洞”。

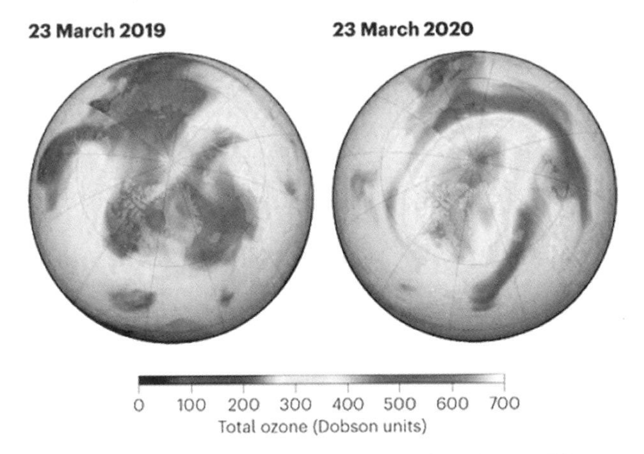


**图 1-10　2020 年 3 月北极上空出现了巨大的臭氧空洞（来源：NASA）**

## （二）臭氧空洞的形成原因

臭氧很活泼，它能跟许多物质反应，自己被还原为普通的氧分子。在自然状态下，大气层中的臭氧是处于动态平衡状态的，一个氧分子受到太阳强紫外线辐射会变成两个氧原子，氧原子与邻近的氧分子反应生成臭氧，臭氧受到强烈紫外线辐射分解成一个氧分子和一个氧原子或与活泼的氧原子作用形成两个氧分子：即当大气层中没有其他化学物质存在时，臭氧的形成和破坏速度几乎是相同的。

如果臭氧总量减少到正常值的 50%以下，人们形象地说这是个洞。大气中的臭氧可以与许多物质起反应而被消耗和破坏，已知影响臭氧层化学反应物的数目大约有 10000 种。在所有与臭氧起反应的物质中，最简单而又最活泼的是含碳、氢、氯和氮几种元素的化学物质，如氧化亚氮、水蒸气、四氯化碳、甲烷和现在最受重视的氟氯烃等。

氟氯烃是含氟含氯的烃类的统称，最有名的是氟利昂。氟利昂是美国1928年首先开发使用的一种化合物，广泛应用于制冷系统。它具有优良的化学性能，如对化学试剂具有稳定性，无腐蚀性，不燃，不爆炸，低导热性，良好的吸热、放热性和低毒性等，因而还广泛用于制作洗净剂、杀虫剂、除臭剂、发泡剂等。目前，二氯二氟甲烷等CFC类制冷剂因破坏大气臭氧层，已限制使用。

还有4类化学物质具有与氟氯烃相似的行为，它们的名称和用途分别是：①哈龙，用于灭火器具和灭火系统；②四氯化碳，是制造氟氯烃的原料，也是干洗店常用的干洗剂；③三氯乙烷，也称甲基氯仿，用于金属元件和电子元件的清洗；④甲基溴，用于农业大棚的熏蒸。这四类物质挥发性强，在高空中也能分解臭氧分子，与氟氯烃一起，它们被统称为“消耗臭氧层的物质”。

有数据表明：由于碳氟化物在世界范围内的广泛使用，今后的几十年中，大气层臭氧将减少16.5%。化学清净剂如氯化甲烷对臭氧层的危害可能比氟氯烃类更大，它在大气层中的平均寿命为5~6年。有的科学家估计，人类释放的各类化合物已使臭氧减少了3%。预计到2050年，可能导致臭氧减少10%，其后果是十分严重的。

总体来说，臭氧层空洞的出现有2个原因：一是大气中存在人类活动排放的氟利昂（人为因素）等消耗臭氧的物质；二是南极平流层极地涡旋中的低温（自然因素）。只有在平流层冰晶云表面吸附了大气污染物质，才能通过光化学反应大量消耗臭氧，在南极春季（每年10月前后）形成臭氧洞。

### （三）臭氧空洞造成的危害

由于臭氧层被破坏，照射到地面的紫外线B段辐射（UV-B）将增强，不仅会影响人类，而且对植物、野生生物和水生生物也会有影响（图1-11）。

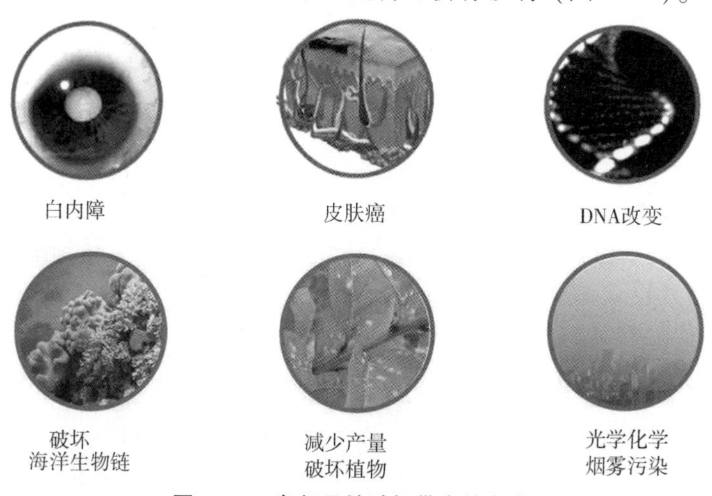


**图1-11　臭氧层被破坏带来的危害**

**1. 对人体的影响**

过量紫外线的照射会损害人的免疫系统，使患呼吸道系统传染病人增多；还会增加皮肤癌和白内障的发病率。科学家认为：臭氧层每损耗 1%，人类的皮肤癌发病率将增加 5.5%。全世界每年大约有 10 万人死于皮肤癌，大多数病例与紫外线照射有关，尤其是在长期受太阳照射地区的浅色皮肤人群中，50%以上的皮肤病是阳光诱发的；在智利南部的牧场上，已出现因受到过量紫外线的照射而双目失明的羊，在我国的青藏高原，臭氧层变薄的现象十分明显，那里白内障的发病率明显升高，近年来甚至出现了儿童白内障的现象。

**2. 对植物的影响**

一般说来，UV 辐射使植物叶片变小，因而减少俘获阳光进行光合作用的有效面积。有时植物的种子质量也受到影响。各种植物对 UV 辐射的反应不同。对大豆的初步研究表明，UV 辐射会使其更易受杂草和病虫害的损害。臭氧层厚度减少 25%，可使大豆减产 20%~25%。

**3. 对水生态系统的影响**

臭氧层的破坏，对水生系统也有潜在的危险。研究表明，紫外线辐射的增加会直接导致浮游植物、浮游动物、幼体鱼类、幼体虾类、幼体螃蟹以及其他水生食物链中重要生物的破坏。研究人员已发现臭氧层空洞与浮游植物繁殖速度下降 12%有直接关系。浮游生物死亡，导致以这些浮游生物为食的海洋生物相继死亡，臭氧消耗导致海洋鱼类每年减少数百万吨。

还有研究指出，UV-B 辐射增加会使一些市区的烟雾加剧。一个模拟实验发现，在同温层臭氧减少 33%，温度升高 4 摄氏度时，费城及纳什维尔的光化学烟雾将增加 30%或更多。另一种经济上很重要的影响是，臭氧耗竭会出现塑料硬化、油漆褪色、玻璃变黄、车顶脆裂等现象。

### （四）如何应对臭氧空洞

1987 年 9 月，36 个国家和 10 个国际组织的 140 名代表和观察员在加拿大蒙特利尔集会，通过了大气臭氧层保护的重要历史性文件《关于消耗臭氧层物质的蒙特利尔议定书》。在该《议定书》中，规定了保护臭氧层的受控物质种类和淘汰时间表，要求到 2000 年全球的氟利昂使用消减一半，并制定了针对氟利昂类物质生产、消耗、进口及出口等的控制措施。由于进一步的科学研究显示大气臭氧层损耗的状况更加严峻，1990 年通过《关于消耗臭氧层物质的蒙特利尔议定书》伦敦修正案，1992 年通过了《哥本哈根修正案》，其中受控物质的种类再次扩充，完全淘汰的日程也一次次提前，缔约国家和地区也在增加。到目前为止，缔约方已达 165 个国家之多，反映了世界各国政府对保护臭氧层工作的重视和责任。不仅如此，联合国环境规划署还规定从1995年起，每年的9月16日为“国际保护臭氧层日”，以增加世界人民保护臭氧层的意识，提高参与保护臭氧层行动的积极性。

我国政府和科学家也十分关心保护大气臭氧层这一全球性的重大环境问题。我国早于1989年就加入了《保护臭氧层维也纳公约》，先后积极派团参与了历次的《保护臭氧层维也纳公约》和《关于消耗臭氧层物质的蒙特利尔议定书》缔约国会议，并于1991年加入了修正后的《关于消耗臭氧层物质的蒙特利尔议定书》。我国还成立了保护臭氧层领导小组，开始编制并完成了《中国消耗臭氧层物质逐步淘汰国家方案》。根据这一方案，我国已于1999年7月1日冻结了氟利昂的生产，并于2010年全部停止生产和使用所有消耗臭氧层的物质。

保护臭氧层是我们每个人的责任和义务，为了地球，也为了我们的明天，我们都应承担。实施可行的保护措施。并不购买任何国家禁止的含有消耗臭氧层物质的产品，如含CFC的冰箱、冰柜、空调设备，含哈龙的灭火器等；定期检查及保养空调及冷冻装置，以防止及减少制冷剂泄漏；在维修过程中，督促维修人员对制冷剂进行妥善的回收；到有制冷剂回收设备的地点维修、报废含消耗臭氧层物质的产品设备；将不再需要的手提式哈龙灭火器交还消防部门以便循环利用，并且按照消防部门的推荐，购买不含哈龙的灭火器（如干粉灭火器）；向身边的亲人、邻居和朋友们宣传有关保护臭氧层的必要性，带动他们积极参加保护臭氧层的行动。

大气臭氧层的恢复将是一个漫长的过程。在国际社会携手合作，继续采取有效措施的同时，我们个人也要贡献力量。共同保护大气臭氧层这把人类赖以生存的“保护伞”。

## 五、地球“穹顶”——雾霾

### （一）雾与霾

雾是近地面层空气中水汽凝结（或凝华）的产物，是由大量悬浮在近地面空气中的微小水滴或冰晶组成的气溶胶系统。雾的气象学定义为：大量微小水滴浮游空中，常呈乳白色，使水平能见度小于1千米。

霾，指空气中的灰尘、硫酸、硝酸、有机碳氢化合物等粒子使大气混浊，视野模糊并导致能见度恶化，如果水平能见度小于10千米时，将这种非水成物组成的气溶胶系统造成的视程障碍称为霾或灰霾，香港天文台称烟霞。

在气象学上，雾和霾的判识标准为：相对湿度小于80%时为霾；相对湿度大于90%时为雾；相对湿度在80%~90%之间时为雾和霾的混合物，其中雾和霾的程度要按照大气细颗粒物PM 2.5和PM 1.0的浓度来判识（图1-12）。

雾霾天气是一种新的天气现象，是雾和霾的混合物。早上或夜间相对湿度较大时，形成的是雾；白天气温上升、湿度下降时，逐渐转化成霾。雾与霾均导致能见

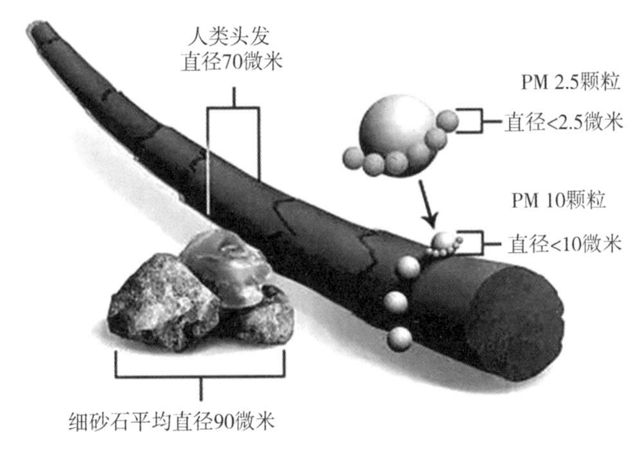


图 1-12　颗粒物粒径大小示意图

度恶化，其区别在于霾发生时相对湿度不大，而雾发生时相对湿度接近饱和或饱和。因此，霾和轻雾的混合物共同造成大气浑浊、视野模糊、能见度恶化，大多是在相对湿度为 60%~90%时的条件下发生的，但其主要成分是霾。

值得指出的是，雾本来是一种自然现象，但是在污染导致大气细颗粒物增多的情况下，即使气象上判识为“雾”，也不再是完全的自然现象，而是有细颗粒物附着的微小水滴。

### （二）雾霾产生的条件

雾产生的条件是：低空湿度大，空气接近饱和；大气层结很稳定，风速小，风力只有 1~2 级，空气不产生对流，低空水汽漂浮在这一地区，不向周围扩散；存在冷却条件。每年秋冬季节，在中国的华北平原、长江中下游平原、四川盆地等地区风力较小；大气层结稳定，通常都有逆温层出现；部分地区受降水和地面水汽蒸发的影响，使得近地面空气的相对湿度增大；在上述地区，夜间天空晴朗少云，辐射降温幅度比较明显，湿空气饱和凝结，形成大雾。在外因作用下，可加速雾的形成，如尘埃、烟雾、污染细微颗粒物容易使雾变得更浓。

霾产生的条件是：控制当地的气团性质稳定；空气中存在大量灰尘、硫酸、有机碳氢化合物等细小霾粒子，使大气混浊。霾的出现表明大气已受到污染。

在实际中，雾霾的产生往往与大气逆温现象相伴发生，由于逆温层的出现会加重环境空气污染，从而在一定程度上导致产生雾霾天气。这是因为逆温层是非常稳定的气层，阻碍气流向上和向下扩散，在空中形成一个扇形污染带，一旦逆温层消退，会产生短时间的熏烟污染，从而加重地面空气污染程度。

从雾霾产生的条件来看，其中雾产生的 3 个条件均受天气或气候影响，目前人为难以控制；而霾产生的 2 个条件其中当地气团性质稳定受天气或气候影响，人为难以控制，但空气中存在的大量灰尘、硫酸、有机碳氢化合物等细小霾粒子主要来自人为大气污染物排放，排放源包括工业粉尘、机动车尾气颗粒物、道路扬尘、建筑施工扬尘、厨房烟气等。另外，也与部分地区农村大田植物秸秆焚烧有关。由于在稳定的天气形势下，空气中污染物在水平和垂直方向上都不容易向外扩散，使得污染物在大气的近地表层积聚，从而导致污染状况越来越严重。

1952 年 12 月，英国首都发生骇人听闻的“伦敦烟雾事件”，4 天时间死亡人数就达 4000 多人，两个月后，又有 8000 多人陆续丧生。1955 年 9 月，由于高温，洛杉矶烟雾浓度高达 0. 65ppm。在两天时间内，当地 65 岁以上的老人死亡 400 多人，数千人感到眼痛、头疼、呼吸困难，这是最严重的一次烟雾事件。“伦敦烟雾事件”“洛杉矶光化学烟雾事件”都属于当今所说的严重雾霾。

### （三）雾霾与人体健康

颗粒物经过人的呼吸系统进入人体，直接受到影响的就是肺（图 1-13）。PM 2. 5 进入肺部对局部组织有堵塞作用，可使局部支气管的通气功能下降，细支气管和肺泡的换气功能丧失。吸附着有害气体的 PM 2. 5 可以刺激或腐蚀肺泡壁，长期作用可使呼吸道防御机能受到损害，发生支气管炎、肺气肿和支气管哮喘等。PM 2. 5 还可直接或间接地激活肺巨噬细胞和上皮细胞内的氧化应激系统，刺激炎性细胞因子的分泌以及中性粒细胞和淋巴细胞的浸润，引起动物肺组织发生脂质过氧化等。大量的流行病学研究发现，无论是短期还是长期暴露于高浓度颗粒物环境中，均可提高人群中呼吸系统疾病的发病率和死亡率。

PM 2. 5 在进入人体后，通过诱导系统性炎症反应和氧化应激，导致血管收缩，血管内皮细胞功能出现紊乱，大量活性氧自由基释放进入血液，进而促进凝血功能，导致血栓形成、血压升高和动脉粥样硬化斑块形成；另一方面，PM 2. 5 还可通过肺部的自主神经反射弧，刺激交感神经和副交感神经中枢，在影响血液系统和血管系统的同时，还可影响心脏的自主神经系统，导致心率变异性降低、心率升高和心律失常。大量的人群流行病学研究显示，短期暴露于高浓度 PM 2. 5 环境（甚至是暴露数小时）就可显著增加人群每日心血管疾病事件（如冠心病、心肌梗死、心衰、心律失常、中风等）的就诊率和死亡率。

PM 2. 5 中的多个成分具有致癌性或促癌性，如多环芳烃，镉、铬、镍等重金属。实验研究发现 PM 2. 5 的有机提取物和无机提取物也都具有致突变性和遗传毒性。美国痛癌症协会主持的一项队列研究，对 120 万美国成人进行了长达 26 年的跟踪调查，结果发现空气中 PM 2. 5 浓度每升高 10 微克每立方米，人群肺癌死亡率将升高 15%~27%，且肺癌死亡风险在慢性肺部疾病患者中更高。

PM 2. 5 在进入母体后可通过引起系统性的氧化应激、炎症反应、血液流变学和动力学的改变，对胎儿产生危害，产生一系列的不良生殖结局。目前流行病学结果不甚一致，但有提示孕期母体的 PM 2. 5 暴露与低出生体重、早产、宫内发育迟缓、出生缺陷等有关系。

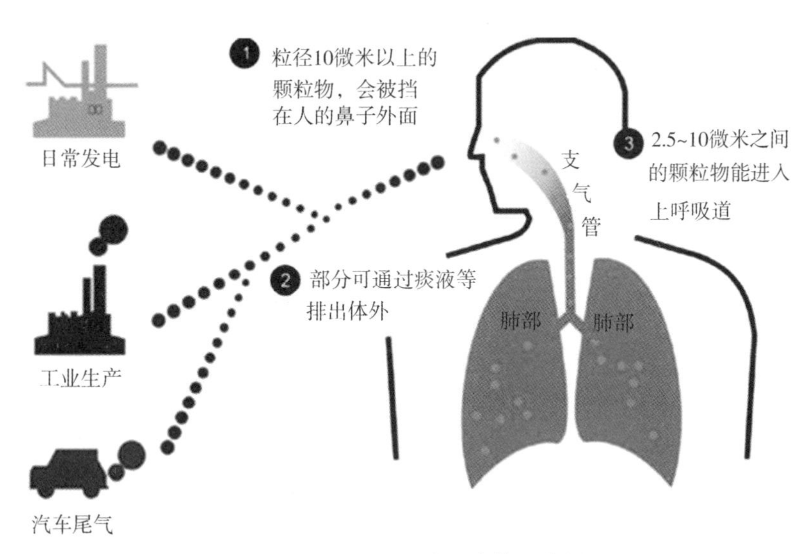


**图 1-13　PM 2.5 进入人体示意图**

### （四）雾霾的防治对策

1954 年，伦敦通过治理污染的特别法案。1956 年，《清洁空气法案》获得通过，该法令禁止使用多种燃料，关停大批重污染工厂，提高工业烟囱的最低限高，并将发电站搬出城市。同时要求大规模改造城市居民的传统炉灶，减少煤炭用量，逐步实现居民生活天然气化；冬季采取集中供暖。从英国中央政府到伦敦市政府相继出台多项法令法规，大力发展公共交通，鼓励清洁能源利用。1968 年以后，英国又出台了一系列的空气污染防控法案，划出空气质量管理区域，并强制在规定期限内达标，这些法案针对各种废气排放进行了严格约束，并制订了明确的处罚措施，有效减少了烟尘和颗粒物。

在我国，2014 年 1 月 4 日，国家减灾委员会办公室、民政部首次将危害健康的雾霾天气纳入 2013 年自然灾情进行通报。2014 年 2 月，习近平总书记在北京考察时指出，应对雾霾污染、改善空气质量的首要任务是控制 PM 2.5，要从压减燃煤、严格控车、调整产业、强化管理、联防联控、依法治理等方面采取重大举措，聚焦重点领域，严格指标考核，加强环境执法监管，认真进行责任追究。

目前全世界防治雾霾主要从以下 6 个方面着手：

#### 1. 污染源控制与治理措施

雾霾的防治首先要从目前人类可以控制的污染源（重点是车辆尾气、工业废气、燃煤烟气、扬尘等污染源）入手，淘汰现有高污染企业及设备，严格产业准入条件，控制新增污染源，鼓励低污染项目及替代产品，禁止农田焚烧植物秸秆，大力发展清洁能源及产品，从源头上控制污染物的产生。其次，要采用先进高效的污染治理设备，加强汽车尾气治理，对拟排放的污染物进行治理后达标排放。最后，要对排放后的大气污染物进行吸收稳定化治理，如采用吸附方式、冲洗方式对地面等处灰尘进行清理，防止遇风或车轮携带成为二次污染源。另外，可以通过采用灰尘抑制剂的化学手段等方式来清洁已被污染的空气。

**2. 建立区域联防联控机制**

雾霾天气的产生与中国当前所处的工业化和城市化进程有关，与城市管理能力和水平有关，也与每个人的生活方式有关，其大气污染物主要来自工业废气、交通尾气、生活废气等多个行业，其产生的污染具有发生范围大、影响面积广的区域性特征。在中国的影响范围主要是华北平原、长江中下游平原等区域，一次影响多个省区。而且大气污染治理是一个多环节密切相关的系统性工程，只要一个环节出问题，大气污染物减排就会受影响。因此，必须建立区域联防联控机制来应对雾霾天气。首先应建立雾霾发生区域跨省区联动法规政策，制定更为严格的污染物排放标准及政策，采用产业结构调整、能源结构调整、城市公交系统优化等综合手段，实施跨省份、多部门（工业、能源、交通、环保等）联动机制，政府与民间合力，实现多项污染物协同减排目标，达到防治雾霾目的。其次是各级能源部门提高燃油、燃气、燃煤等各种能源产品质量，鼓励开发和采用清洁能源，限制高污染能源的供应及使用；国家发展与改革委员会及工业和信息化部对落后产品、设备实施更严格的淘汰制度，防止高能耗、高污染企业及设备排放大量污染物；交通运输部门对车辆进行严格管制，淘汰尾气排放不达标车辆，雾霾天气限制车辆出行，对低出行率私车实行奖励制度；环保部门加大排污企事业单位监管，划定空气质量管理区域，并强制在规定期限内达标，对区域环境空气质量不能达标的地区，实行区域工业项目限批；企业加大环保投入力度，治理大气污染。

**3. 完善和推进企业清洁生产制度**

建立健全各行业清洁生产标准及评价体系，完善清洁生产法制，扩大目前强制性清洁企业及行业范围，进行节能评估，对清洁生产、节能评估不能达标的企业严格实行关停，从源头上减少大气污染物的产生，实现由末端治理向污染预防和生产全过程的控制转变，促进企业能源消费、大气污染物减量化与资源化利用，控制和减少污染物排放，提高资源利用效率，达到控制大气中霾粒子的目的。

**4. 倡导绿色生活理念**

保护环境，治理雾霾是一项长期而艰巨的任务，应该全民动员、人人参与，从我做起，树立“人人为我，我为人人”共同保护我们周围大气环境的绿色生活理念。坚持“绿色出行、绿色消费、绿色过节”的绿色生活理念，养成节水、节电、节碳、节油、节气，不用一次性的筷子、饭盒、塑料袋，减少粮食的浪费，随手关灯、关好水龙头等良好习惯。尽量选择地铁或公交系统、减少私车出行；节日期间拒绝燃放烟花等。从身边的小事做起，珍惜资源，降低能耗，减少污染。

**5. 建立霾预警制度，制定应急方案**

把雾霾天气现象并入雾一起作为灾害性天气进行预警预报，制定应急方案。在大雾出现前启动应急预案，通过公共媒体告知公众，减少出行，合力应急，采取私车限行、学校停课、部分电力、重污染工业企业停产等措施减少大气污染物排放。目前上海、广州等城市已发布《空气重污染应急方案》。

**6. 研发新技术，防治雾霾污染**

（1）加大科技投入，研发人类影响天气新技术，消除雾霾污染。通过人类干扰影响雾与霾产生的条件，造成其中某个条件缺失，从而达到消除雾霾污染影响的目的。如中航工业航宇公司利用航天航空技术，正在研究利用无人机播撒催化剂降低空气相对湿度，消除雾霾产生条件。

（2）研发污染治理先进工艺技术及设备，提高工业废气、汽车尾气等污染治理水平，减少大气污染物的排放量，控制空气中霾离子的来源。

（3）研究大气净化新技术，通过吸附等手段来清洁已被污染的大气，降低空气中的霾粒子。

## 第二节　水环境问题

### 一、水与水环境

在浩瀚的宇宙中，有一颗蔚蓝的星球，它的表面有2/3覆盖着水——这就是地球。唯有地球才有水，只有地球上才有生命。其实地球应该叫“水球”，从太空看地球，地球是一个蔚蓝的水球，大陆只是漂浮在水面的几叶扁舟。地球拥有的水量非常巨大，总量达到13.86亿立方米，其中96.5%分布在海洋，有约1.78%是地表水分布在冰川、冰盖、冻土中，约1.69%分布于地下，其余分布在江河湖泊、大气和生物体中。因此，我们赖以生存的家园从天空到地下，从陆地到海洋，到处都是水的世界。

水是一种宝贵的自然资源，是我们人类赖以生存和发展的基础。但是由于人类不合理的开发利用，水问题正威胁到我们的生存。水资源的短缺更是引起了全球水危机。如果说19世纪是煤炭的世纪，20世纪是石油的世纪，那么21世纪是水的世纪。水资源问题无疑是当前乃至今后相当长一段时间内人类所面临的最严峻的一个社会经济问题和环境问题。我国是一个发展中国家，人口众多，水资源开发利用水平较低，加上区域水土资源分布的不均衡，水问题更为严重。洪涝灾害、干旱缺水、水体污染和水土流失四大水问题严重制约了我国社会经济的发展。

目前人类比较容易利用的淡水资源，主要是河流水、淡水湖泊水以及浅层地下水，储量约占地球总水量的0.26%。在这部分水中，还需扣除被污染的水体含水，余下的才是可用的水资源。在全球可用的水资源中，70%用于农业，20%用于工业，剩余的10%留供饮用和其他生活用途。在低收入国家，这个比例是89%、5%、6%。

大陆水资源在地区上的分布极不均匀，有些地方多年干旱，有些地方接连洪涝。一般来说，离海洋越近，大气湿度越大，降水越多，水资源就越丰沛。海拔高、植被密的地区，水资源也较丰富。水资源是否丰富还与人口数量有关，人口密集的地方，摊到每个人头上的份额就少，水资源就紧张。水固然是大自然对生物的恩赐，但并非慷慨，滥用、浪费和污染加重了水资源的短缺。

地球上的水是一个有联系的整体。地球上的水不是静止的，它在不断运动变化和相互交换下形成一个巨大的循环系统（图1-14）。其中包括水的自然循环和社会循环。水的自然循环是海水在阳光的照射下，不断蒸发，形成水汽弥漫在海洋上空；

**图1-14　水循环示意图**

一部分水汽被气流输送到陆地上空，遇冷就凝结成细小的水滴，变成云，降落到地面就是雨或雪；雨雪水落地后，有的流到洼坑里，有的渗入地下，有的流入小溪，汇进江河，奔向海洋。水是关系人类生存发展的一项重要资源。水的社会循环是人类社会为了生产、生活的需要，抽取附近河流、湖泊等水体，通过给水系统用于农业、工业和生活。在此过程中，部分水被消耗性使用，而其他则成为污水、废水，需要通过排水系统妥善处理和排放。无数小水滴不停地在地球上往复循环，哪里有水，哪里就有生命，一切生命活动都起源于水。

## 二、我国水环境问题具体表现

水循环保证了人类淡水的供应和生命的延续，但地球人口急剧膨胀，资源急剧消耗，环境急剧恶化……这些环境问题导致水循环过程中也给人类带来了不和谐的水问题，可归结为洪涝灾害、干旱缺水、水体污染、水土流失等方面。

图 1-15 2021 年 7 月 24 日某省消防救援队赴河南进行抗洪抢险（来源：新华网）

### （一）洪涝灾害——“水多”问题

“水多”问题主要是指流域洪涝灾害频繁，其表现形式主要有雨涝、洪水溃决、山洪泥石流、滑坡等。

首先，受我国年降水量地域分布和年内季节分布不均匀的影响，我国洪涝灾害主要发生在春夏秋季节，特别是秦岭以南及淮河地区和辽东半岛的夏季，表现为时空分布的不均匀性。

其次，大约 2/3 的国土面积上存在着不同危害程度的洪涝灾害，全国 600 多座城市中 90%都存在防洪问题，我国洪涝灾害具有普遍性。

第三，在许多河流上一个时期大洪水发生的频率较高，而另一时期频率较低，高频发期和低频发期呈阶段性的交替变化，且在高频发期内大洪水往往连年出现，具有重复性和连续性。

最后，我国主要河流流域面积较大和西高东低的地形条件使干支流经常遭遇洪水，洪峰叠加累积和快速传递，易形成峰高量大的暴雨洪水，对河流中下游地区造成严重危害。

以 2021 年 7 月发生的河南洪涝灾害为例，截至 2021 年 7 月 28 日 12 时，据国家自然灾害灾情管理系统统计，此轮强降雨造成河南全省 150 个县（市、区）1602 个乡（镇）1366. 43 万人受灾，因灾遇难 73 人。全省目前紧急转移安置 84. 14 万人（累计转移安置 147. 08 万人）；农作物受灾面积 1021. 4 千公顷，成灾面积 518. 3 千公顷，绝收面积 179. 8 千公顷；倒塌房屋 17 015 户 55 293 间，严重损坏房屋 41 327 户 145 983 间，一般损坏房屋 130 467 户 582 989 间，直接经济损失 885. 34 亿元。

### （二）干旱——“水少”问题

“水少”问题是指河流系统水量不能满足生态建设和社会生产的需求时，流域将会出现干旱和缺水问题。干旱是世界上最严重的自然灾害之一。它具有出现频率高、持续时间长、波及范围广的特点，会给社会经济和农业生产带来巨大的损失，还会造成水资源短缺、荒漠化加剧、沙尘暴频发等诸多生态和环境方面的不利影响。研究数据表明，21 世纪在全球变暖背景下，干旱将会越来越严重，干旱范围也将越来越大。

我国各地降水量随季节变化相差悬殊，表现为不同地区和不同季节发生干旱的程度是不一样的，北方干旱程度一般大于南方，黄、淮海地区是我国最大的干旱区。

据中国科学院大气物理研究所研究，1979—2010 年全国 2000 多个气象站的数据发现，骤发性干旱多发生在湿润和半湿润地区，例如，发生次数最多的中国南方，平均每 10 年发生 16~24 次，其次是中国东北部。数据显示，1979—2010 年，中国骤发性干旱的发生次数增加了 109%。

水少的问题，虽然没有像洪水那样惊心动魄，但造成的损害，对发展的阻碍比洪水还要大得多。

根据世界银行 20 世纪 90 年代的一个统计，中国每年洪涝灾害的平均损失是 100 亿美元，而旱灾的损失是 350 亿美元。干旱的原因有两方面，一是气候的影响，二是人类活动造成的影响。

此外，我国是一个水资源短缺的国家，人均水资源占有量低，其表现形式为刚

图 1-16　2019 年 10 月 22 日赣江南昌站水位仅 11.61 米

性缺水、发展性缺水、季节性缺水、水质性缺水等，主要是由降雨地域不平衡、降雨季节与用水需求不一致、社会发展需水量增加和水质污染等共同造成的。

### （三）水土流失——“水浑”问题

我国河流的主要特点之一就是挟带大量泥沙，特别是北方河流，常形成多沙河流，如黄河、海河、辽河等，大量泥沙造成河道和水库的累积淤积不仅给水利水电工程建设带来了许多问题，而且给河道防洪、沿河工农业发展和人民生活带来了严重的影响，即所谓“水浑”问题，“水浑”问题产生的根源是流域水土流失严重。水土流失是指在水流作用下，土壤被侵蚀、搬运和沉淀的整个过程。严重的水土流失还会导致土地退化和生态恶化问题。在自然状态下，纯粹由自然因素引起的地表侵蚀过程非常缓慢，常与土壤形成过程处于相对平衡状态，因此坡地还能保持完整。这种侵蚀称为自然侵蚀，也称为地质侵蚀。在人类活动影响下，特别是人类严重地破坏了坡地植被后，由自然因素引起的地表土壤破坏和土地物质的移动，流失过程加速，即发生水土流失。

19 世纪以来，全世界土壤资源受到严重破坏。在我国水土流失严重地区，每年流失的土层厚度均在 1 厘米以上。“民以食为天”“有土则有粮”，拥有丰富的水土资源是立国富民的基础。如果水土资源遭到破坏，进而衰竭，将危及国家和民族的生存。这个结论在世界历史发展进程中已经得到了证明：古罗马帝国、古巴比伦王国衰亡的重要原因之一，就是水土流失导致生态环境恶化，致使民不聊生；希腊人、小亚细亚人为了取得耕地而毁林开荒，造成严重的水土流失，致使茂密的森林地带变成荒无人烟的不毛之地。水土流失、土壤盐渍化、沙化、贫瘠化、渍涝化以及由自然生态失衡而引起的水旱灾害等，正使耕地逐日退化而丧失生产能力。目前，全球约有 15 亿公顷的耕地，由于水土流失与土壤退化，每年损失 500 万~700 万公顷。如果土壤以这样的毁坏速度计算，全球每 20 年丧失掉的耕地就等于今天印度的全部耕地面积（1.4 亿公顷）。而由于世界人口的不断增加，人均占有土地面积将进一步减少。因此，水土流失问题已引起了世界各国的普遍关注，联合国也将水土流失列为全球三大环境问题之一。

我国是世界上水土流失最严重的国家之一，根据全国第一次水利普查数据（2013 年）表明，全国水土流失总面积 294.91 万平方千米，其中：水蚀为 129.32 万平方千米；风蚀为 165.59 万平方千米。由于特殊的自然地理条件，水蚀、风蚀、冻融侵蚀广泛分布，局部地区存在滑坡、泥石流等重力侵蚀。随着城市化和工矿业的发展，地表扰动，植被被破坏，进一步加剧了水土流失。水土流失成为我国的头号环境问题，给社会经济发展和人民群众生产、生活带来严重危害。主要表现在耕地减少，土地退化严重；泥沙淤积，加剧洪涝灾害；影响水库资源的综合开发和有效利用，加剧干旱的发展；生态环境恶化，加剧贫困等方面带来影响。

2019 年度全国水土流失动态监测结果显示，全国水土流失面积 271.08 万平方千米，占国土面积（未含香港特别行政区、澳门特别行政区和台湾省）的 28%，与

**图 1-17　赣南寻乌县因开采稀土矿导致水土流失（摄于 2017 年）**

2013年第一次全国水利普查数据相比，全国水土流失面积减少了23.83万平方千米，总体减幅8.08%，平均每年以近3万平方千米的速度减少。但防治水土流失的形势依然严峻。

水土流失是我国生态环境恶化的主要特征，是贫困的根源。尤其是在水土流失严重地区，地力衰退，产量下降，形成“越穷越垦，越垦越穷”的恶性循环。据统计（2019年），全国74%的贫困人口分布在水土流失严重地区。生态系统失衡造成各类农业自然灾害加剧，受灾面积扩大到年均4000万公顷。因灾害年均损失粮食2000多万吨，棉花22万吨。20世纪90年代中期，我国北方地区“沙尘暴”频繁发生，即便进入21世纪，也未摆脱“沙尘暴”对我国的肆虐。

2021年3月14—15日，受冷空气影响，新疆南疆盆地西部、甘肃中西部、内蒙古及山西北部、河北北部、北京、天津等地出现扬沙或浮尘，部分地区出现沙尘暴。这是近10年中国遭遇强度最大的一次沙尘天气过程，沙尘暴范围也是近10年最广。

### （四）水体污染——“水脏”问题

“水脏”问题就是随着工农业生产的不断发展，废污水排放量（点源）和流域面源污染增加，导致河流系统水质污染严重。改革开放以来，我国工农业生产快速发展，特别是20世纪90年代以来发展更为迅速，废污水排放量大幅增加，2003年全国废污水排放总量达680亿吨（其中工业废水占2/3，城镇生活污水占1/3），比1980年的239亿吨增加了近2倍。大量的废污水排放使得全国各大江河湖泊的水质和生态都受到不同程度的损害与污染，不仅在北方一些缺水地区曾出现“有河皆干、有水皆污”的现象，而且在南方一些水资源丰富的地区也出现了“有水皆污”的现象，对饮用水源和生态环境危害极大。

造成水污染的成因可以分为：一是自然污染，是由于自然规律的变化和土壤中矿物质对水源的污染；二是人为污染，是由于人类的生活、生产活动所造成的污染。当前对水体危害较大的是人为污染。它包括工业废水污染、农业污染、生活污水污染以及城市生活垃圾带来的水污染。

工业废水是水体主要污染源，它面广、量大、含污染物质多、组成复杂，有的毒性大，处理困难。如电力、矿山等部门的废水主要含无机污染物，而造纸、纺织、印染和食品等工业部门，在生产过程中常排出大量废水有机物含量很高，$BOD_5$常超过2000毫克/升，有的达30 000毫克/升。2014年，全国废水排放总量716.2亿吨。其中，工业废水排放量205.3亿吨，占全国废水排放总量的28.67%。

农业污染源是指由于农业生产而产生的水污染源。包括农药、化肥的施用，土壤流失和农业废弃物等。例如，化肥和农药的不合理使用，造成土壤污染，破坏土壤结构和土壤生态系统，进而破坏自然界的生态平衡；降水形成的径流和渗流将土

图 1-18　工业废水污染河流

图 1-19　“毒”步“田”下

壤中的氮、磷、农药以及牧场、养殖场、农副产品加工厂的有机废物带入水体，使水质恶化，造成水体富养化等。

随着化肥施用量的快速增长，导致土壤板结、耕作质量差，肥料利用率低，土壤和肥料养分易流失，污染了地表水和地下水。农药对水体所造成的污染非常严重。

城市每人每日排出的生活污水量为150～400升，其量与生活水平有密切关系。生活污水中含有大量有机物，如纤维素、淀粉、糖类和脂肪蛋白质等；也常含有病原菌、病毒和寄生虫卵；无机盐类的氯化物、硫酸盐、磷酸盐、碳酸氢盐和钠、钾、钙、镁等。这些生活污水的总特点是有机物含量高，易造成腐败。

我国生活污水排放量由1998年的195亿吨增长至2013年的485亿吨，复合增长率为6.38%。生活污水排放量占全国污水排放总量的比重亦由2000年的53.21%上升至2013年69.76%，未来随着我国人口数量的不断增加、城市化进程的继续推进和人民生活水平的提高，生活污水排放量将继续增长，成为新增污水排放量的主要来源。

城市生活垃圾主要是厨房垃圾、废塑料、废纸张、碎玻璃、金属制品等。我国人口众多，居民的生活垃圾数量也很大。5亿多城镇人口按每天产生1千克计，十亿多农村人口按每天产生0.5千克计，每天共产生100万吨生活垃圾。由于人口不断增长，生活垃圾正以每年10%的速度增加。生活垃圾利用率低，在堆置或填埋工程中，产生大量酸性、碱性，有毒物质工业、生活排放出来的含汞、铅、镉等废水，渗透到地表水或者地下水造成水体黑臭，地下水浅层不能使用、水质恶化，全国60%的河流存在的氨氮、挥发酚、高锰酸盐污染，氟化物严重超标，水体丧失自净功能，影响水生物繁殖和水资源利用，导致生态环境恶化，威胁饮水和农产品安全。

我国除了上述4类水环境问题外，还面临着地下水位下降、河流水域侵占、湿地开发、水资源浪费等问题。

在人类社会长期的发展进程中，水问题不断转型，影响因素由单一生活污水大量排放形成病原微生物污染，发展为病原微生物污染、重金属、有毒化学品和营养元素超量共同作用的混合型问题；由局部或部分河段问题发展成为区域性、流域性甚至全球性问题。我国目前表现为面广量大的多重水问题。水灾害方面，极端气候事件频发，干旱和城市洪水内涝加重，农村饮水水质尚需提升，中小河流防洪能力亟须增强；水资源方面，资源型缺水向工程型缺水、水质型缺水、管理型缺水等综合性缺水延伸；水环境方面，污染类型由常规污染转为复合型污染，污染重点由工业转为生活、农业为主，污染核心区向西部、农村及流域上游延伸；水生态方面，江河断流、湖泊萎缩、湿地减少、地面沉降、海水入侵、水生物种受到威胁，淡水生态系统退化等。水灾害、水资源、水环境与水生态四大方面水问题相互作用、彼此叠加，形成多重水危机，其中水污染的威胁尤为突出。水安全问题已成为制约经济社会发展的瓶颈，传统的治水思路已不能适应水问题及经济社会变化的需求，治水模式转型势在必行。

## 三、解决水环境问题的举措

在原始社会阶段，人与水的关系是一种原始的依水而居的关系，即水多时人群撤离其低洼的居住地，洪水过后再回到原地生存繁衍；水少时人群搬到有水源的地方繁衍生存，依水而居。这一时期，人类与水保持着一种被动的顺应大自然的和谐状态，人类虽谈不上对水问题进行治理，但已学会将水的利害关系及人类对水的认识用绘画和竹简记载下来，这无疑是个重大的进步。

进入农耕时代后，随着生产力发展和科技进步，人类开始了最初的治水活动。人们引河水灌溉农田，在洪水淤积的土地上耕种，由于灌溉对提高农业产量的巨大作用，人们不满足于引水灌溉，渐渐学会了修建渠道来输水灌溉。埃及早在公元前3400年就沿尼罗河谷地引水灌溉土地，中国在夏朝就掌握了原始的水利灌溉技术，到了西周已有蓄水、灌排、防洪等事业，春秋战国时代开始兴建邗沟，连通了长江和淮河，隋代兴建了贯穿中国南北的京杭大运河工程。从历史的进程看，各国采用的工程措施在序列上一致，所不同的只是持续时间上的差异。在最初阶段，水源一般比较充足，通常采取提水和输水等水利工程措施，以提高水资源的可利用性；随着水资源开发程度的提高，水资源相对不足，逐渐过渡到水资源综合配置阶段，如建筑大坝、修建水库、开凿人工运河、实施调水工程、改善灌溉设施等。

在人类社会的早期阶段，几乎所有的文明古国如中国、古埃及、古巴比伦、古印度等，都依靠一些不成文而基于习惯的法规对水资源进行管理。在航运、娱乐、渔业等用水途径还没有产生时，水资源的主要用途是人畜日常用水和少量的生产发展用水，如灌溉、城市供水等，这些用水都是免费的，但要受到严格的控制，供水系统由使用者建造和维护，并通过选举管理者代表公众进行管理。事实上，在习惯法规阶段的规则和制度中，已经隐隐可以看到现代水资源法律制度和管理的一些主要内容，如水权、水费制度的安排，水利工程的管理模式等。至此，人们不仅以工程措施来治理水，同时在治水的历史进程中逐步运用必要的非工程措施。

在工业文明阶段的后期，随着人们对水利工程认识的不断提高，水利工程对生态环境的负面影响逐渐显现，特别是中亚地区缺乏统一规划的水利工程，掠夺式地引用水资源造成咸海干涸，给周边地区带来了巨大的生态灾难。19世纪大量生活污水排放入泰晤士河，河道水体严重黑臭缺氧，1858年，伦敦发生“大恶臭”事件，英国政府开始治理河流污染。1858—1891年，第一次治理阶段，通过修建拦截式地下排污系统把一部分污水输移至入海口，修订《巴扎尔基特规划》，在两大蓄污池附近建造两家大型污水处理厂，对伦敦污染扩散起到了抑制作用，泰晤士河的水质有所改善。进入20世纪，随着伦敦人口激增、污水管网排放大量污水、污水处理厂处理能力不足，雨水增加污染负荷、合成洗涤剂污染、电厂废水热污染等，使泰晤士河水质快速恶化，到20世纪50年代末，泰晤士河水中的含氧量几乎为零，鱼类几乎绝迹，美丽的泰晤士河变成了一条“死河”。1955—1975年，英国政府开始对泰晤士河进行第二次全面治理，把泰晤士河划分成10个区域，合并了200多个管水单位，建成一个新的泰晤士河水务管理局；颁布法令严格控制各类污水排放并严加监督；扩建污水输送与处理设施，形成完善的污水处理系统，达标排放并严格监测；加强沿河区域产业升级改造和大伦敦区的经济模式转换，缓解泰晤士河的污染压力。终于使泰晤士河由伦敦的一条排污明沟变成目前世界上最洁净的城市水道之一。

### （一）国家层面

在我国历史上，治国与治水始终紧密相关，我国社会治水的传统形成了中央政府主导防洪及水利各项事务，相关各部门和地方官员各司其职的管理体制。水治理进程中，人们面临洪涝灾害或突发水污染事件，只能被动应对，面对黑臭水体、水环境恶化等慢性问题，习惯于组织专项行动，运动式治理。事实表明，无论是历史积累下来的治水模式还是现行的管理体制，都不能适应水问题的新变化，例如，经济发展与资源环境保护彼此脱离、水资源与水环境管理条块分割、流域管理综合执行力缺失，行政区域系统治水理念欠缺等，表面上看是水资源环境危机，实质上是治理危机。

面对严重的水问题，我国正在实现以被动式水管理和运动式水管理为特征的传统水管理模式向主动性治理和科学性治理的现代水问题治理模式转变。治水思路在改变，山水林田湖草生态整体治理与保护，实行“河长制”“湖长制”，并组建自然资源部和生态环境部等，解决自然资源所有者不到位、空间规划重叠等问题，加强

图 1-20　梅江区“河长制”公示牌

政府治理与监管。治水重点在改变，量质并举、注重水质，标本兼治、注重生态，城乡同治、注重城市，建管并重、注重管理、加强治理。治水方式在改变，治理系统化、投资多元化、管理信息化。分析水问题治理进程，使我们深刻认识到水问题不断变化，水治理模式随之转变，首先要树立科学的治水理念，建立正确的治水模式。同时还必须清晰地认识到：水是万物之基，与生命、社会、生产和生态紧密联系。在水问题及其治理发展的过程中，特别是水环境和水生态方面与人的思想与行为强相关。要不断改善人类活动，营造社会环境，注重控源减源，提高合理开发利用与节约保护水资源的思想认识并建立相应的约束机制；坚持生态优先、绿色发展，改善经济结构，倡导循环经济，着力发展绿色产业等。水问题及其治理不仅是工程技术问题，也是人文、社会和经济等方面的综合性问题，水科学是关于水的知识体系，是自然科学、社会科学与人文科学的有机融合，这是水问题及其治理模式发展的重要启示。

**1. 供水保障和水旱灾害应对**

当前重点采取的是“蓄、引、提”以及堤防等措施，整体上属于“点线”结合的灰色基础设施调配及人为作用。天然水循环过程包括大气、地表、土壤和地下等要素过程，地表—土壤—地下相联合，坡面—河道相制约，属于典型的三维模式；地表尤其是坡面单元上的植被与土壤状况，在流域降水再分配及干旱与洪涝灾害孕育过程中发挥着主体作用；同时，灰色基础设施的建设和运行调度，势必会对生态和环境产生不同程度的负面影响。为此，在应对水旱灾害的过程中，需要从当前的一维“点—面”结合措施，向“点—线—面—体”相结合的立体水网构建转变；同时，充分发挥绿色基础设施及自然力的作用。整体上看，当前的水旱灾害应对措施处置对象较单一，未能充分发挥自然力的作用。

**2. 水污染治理**

当前分别从点源和面源污染孕育过程，通过物料的加入和人为、能量动力调节，试图进行全面的污染物削减。当前在污水处理尤其是点源污染的处理过程中，能量投入占的成本最高，然而污染的水体本身就饱含能量，大量的外加能量投入属于典型的“以能量攻击能量”模式；同时，污染物在水体中的迁移转化，受到多层级水生态系统中生物和非生物环境的整体调节，且不同污染物之间具有互馈作用。当前针对特征污染物的削减过程，重点是通过人为干预，并没充分发挥水生态系统多层级、多要素之间的协同作用。

**3. 水生态修复**

当前重点采取的是“美化”和“绿化”措施。在自然演化与自然选择的过程中，一定时间和地域上发育着特定的水生态系统，且各要素具有特定的生态服务功能，这些功能之间相互协调。然而，在“美化”过程中，重点针对的是单一功能尤其是景观的可欣赏功能；在“绿化”过程中，重点通过植树造林与种草，添加或重建品种相对单一的植被，生态服务功能的单一问题凸显。可见，“美化”不同于自然，“绿化”不同于生态。在局部地区物种的选取与当地的生境适宜性和整体生态服务功能不符，已产生较为严重的次生生态与环境问题。总体来说，当前的水生态修复措施未能充分融合流域生态完整性和生态服务功能协调性需求，需要构建“体系完整、功能协调、各在其位、各司其职”的协调流域体系。

**4. 水土流失及其影响治理**

当前重点采取的是建设水土保持林、淤地坝等坡面固沙工程措施以及疏浚、控导等河型、河势调控工程措施。与水生态修复措施一样，单一针对固沙的坡面工程措施对坡面生态系统的完整性和生态服务功能的协同性将会产生影响。此外，河型河势是制约河流水动力特征和生境适宜性的关键因子，部分疏浚措施会直接导致底栖生境的破坏，致使水下草场和森林成为水下荒漠。在水沙治理过程中，需要进一步从流域生态完整性角度，进一步发挥自然力的作用，提升生态服务功能，规避不利影响。

### （二）个人层面

作为中国公民，要深入贯彻推进水资源集约安全利用的新发展理念，应当树立节水、惜水、爱水意识，养成好用水习惯。

**1. 做节水护水的倡导者**

要把珍惜水、爱护水的观念融进日常生活起居中，积极传播节水护水的文明理念，倡导节水护水的良好生活方式，引导广大公众充分认识到节约水资源、保护水环境的重要意义，提升全社会的节水护水意识。

**2. 做节水护水的践行者**

珍惜每一滴水，做到一水多用、重复利用、杜绝浪费。积极使用、推广先进的节水技术和器具，提高用水效率。保护河流、水源地，植树造林，涵养水源，抵制污染，保护水生态环境，用自己的实际行动带动身边的人，凝聚全社会节水护水的强大力量。

**3. 做节水护水的捍卫者**

用自己的文明言行劝阻、纠正身边的浪费水等不良行为，对身边的破坏水资源、损害水生态的不良做法敢于挺身而出，耐心劝导，制止或向有关部门反映，共同守护生命之水。

**4. 做节约用水的监督者**

节约保护水资源，离不开自觉节水的主动，更离不开节约用水的监督。要爱护供水设施，发现供水设施损坏或出现“跑冒滴漏”现象，应及时向供水单位和主管部门反映。遇到浪费用水现象，要及时制止，互相监督，形成人人节水的良好风尚。

## 第三节　土壤环境问题

### 一、土壤与土壤环境

土壤是覆盖在地球陆地表面上能够生长植物的疏松层，是地球系统无机界向生物有机界转化的“桥梁”，是陆地生态系统和生命发展的基础。土壤处于陆地生态系统中的无机界和生物界的中心，不仅在本系统内进行着能量和物质的循环，而且与水域、大气和生物之间也不断进行物质交换，一旦土壤产生问题，三者之间就会相互传递、相互影响，引发并带来一系列严重的危害。

#### （一）土壤的六大功能

土壤具有以下六大基本功能：①生产功能，生产了地球上 90%以上的食物和纤维；②生态功能，承担了地球表层生态系统中物质流和能量流的调蓄与再分配；③基因保护功能，保护土壤与地表生物的多样性，即起到基因库的作用；④基础支撑功能，是社会经济发展的空间与物质基础；⑤原材料功能，提供砂石、黏土，用于建筑、陶瓷等；⑥文化景观功能，维护自然景观与文化遗迹。

#### （二）土壤的“生、老、病、死”

土壤的发生起始于母岩的风化过程，坚硬的裸露母岩在日积月累的风化作用下形成成土母质。接下来，这些成土母质在微生物和低等植物的作用下逐渐演变为原始的土壤，然后再经过草本植物和木本植物的熟化最终产生肥力，形成成熟土壤，这个过程称之为成土过程。成土过程必须要在生物因素参与下才能发生，因此，它只能发生在地球上出现生命（特别是绿色植物）之后，而且成土过程一经发生，便一定与风化过程同时进行，两个过程是无法分离的。所以土壤的形成和发育过程，可以看作是以母质为基础，与各个自然要素不断进行物质和能量交换的过程。

母质好比是土壤的“母亲”，是土壤形成的物质基础和初始无机养分（磷、钾、

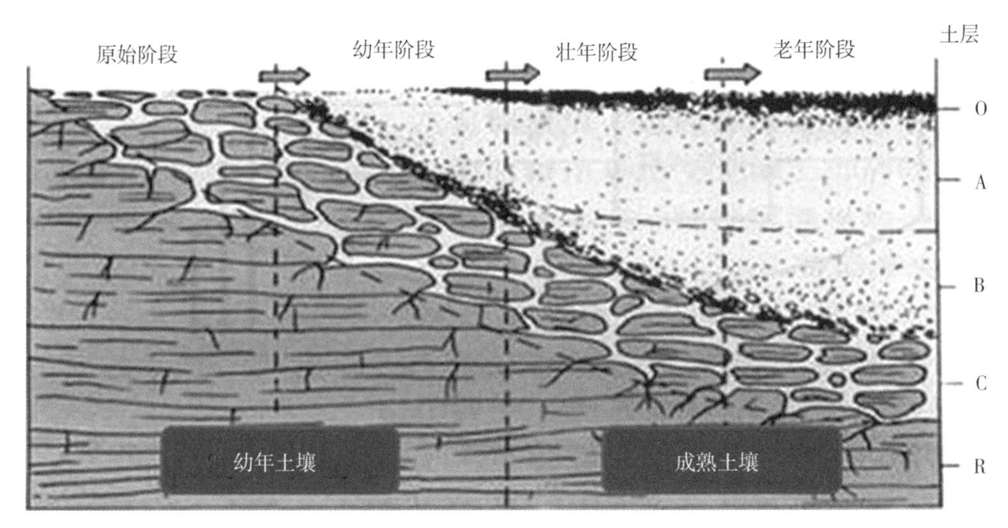


**图 1–21　土壤的发育过程**（来源：中国科学院）

钙、镁等）的最初来源，它直接影响着成土过程的速度、性质和方向，并对土壤的理化性质如土壤养分状况有很大影响。

气候就像是雕刻师，不同的气候特征赋予不同地区特异的降水和温度等自然条件，从而导致矿物的风化和合成、有机质的形成和积累、土壤中物质的迁移、分解、合成和转化速率也有所不同。例如，湿润地区的土壤风化程度和有机质含量高于干旱地区。在气候炎热的广东地区花岗岩风化壳可达 30~40 米，在温暖的浙江地区达 5~6 米，但在寒冷的青藏高原则常不足 1 米。

生物包括植物、动物和微生物等，是促进土壤发生发展最活跃的因素。多年生木本植物的凋落物堆积在土壤表层，形成粗有机质和较薄的腐殖质层；草本植物形成较深厚的土壤有机质层，形成的有机质或腐殖质品质较好，草本植物的须根可以使根分布层形成良好的土壤结构，促进肥力的提高。动物粪便和残体是土壤有机质的来源，而且动物的活动可疏松土壤。微生物可以分解动植物残体、土壤有机物，释放各种养分，合成土壤腐殖质，固定大气中氮素，增加土壤含氮量，参与养分形态转化。

地形在成土过程中虽然不提供任何新的物质，但可以使物质在地表进行再分配，使土壤及母质在接受光、热、水等条件方面发生差异。例如，随着河谷地形的演化，在不同地形部位上，可构成水成土（河漫滩）、半水成土（低级阶地）、地带性土（高级阶地）的发生。

时间是阐明土壤形成发展的历史动态过程，母质、气候、生物和地形等对成土过程的作用随着时间延续而加强。

丰富多彩的土壤不仅是陆地生命体生存的物质基础，其本身也是一个不断成长的“生命体”。

### （三）土壤的“更新”和“再生”

土壤的可更新性是指依靠土壤与生物、大气的物质循环而形成的物质重复利用型，在此意思上把土壤视为可更新的自然资源。据研究报道，形成稳定状态的土壤腐殖层，需要550~1000年。土壤表层不仅与土壤肥力有密切的关系，而且可以保护土壤免受侵蚀，一旦植被和土壤表层遭受破坏，在一些地区就很容易引起崩岗、滑坡等严重的水土流失现象。

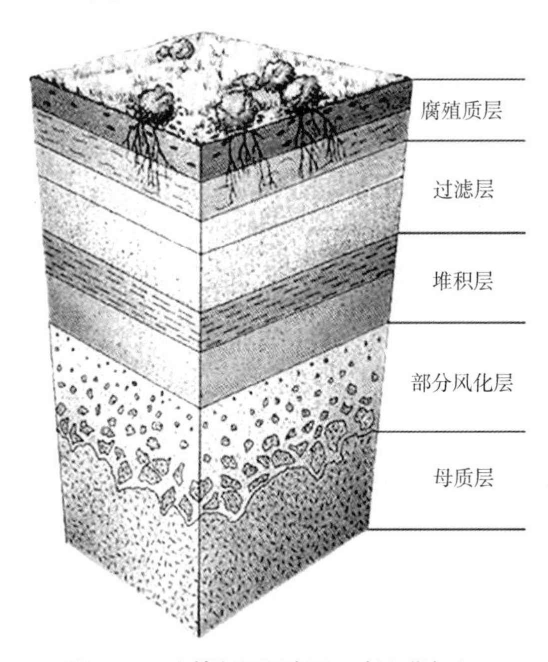


**图 1-22　土壤剖面示意图**（高山草甸土）

### （四）土壤的自我净化

土壤自净是指进入土壤的污染物在土壤矿物质、有机质和土壤微生物的共同作用下，经过一系列的物理、化学及生化反应过程，降低其浓度或改变其形态，从而消除或者降低污染物毒性的现象。它对维持土壤的生态平衡起着极其重要的作用。

也正是土壤拥有这种特殊的功能，少量的有机污染物进入土体后，可经过生化反应降低其活性变为无毒物质；进入土壤的重金属元素通过土体的吸附、沉淀、络合、氧化还原等化学作用可变为不溶性化合物，使其某些重金属元素暂时退出生物循环并脱离食物链。

土壤的自净作用主要有3种类型，分别是物理自净作用，化学和物理化学自净作用和生物化学自净作用。

## 二、土壤环境问题具体表现

### （一）土壤污染

土壤污染是指人类活动所产生的污染物质通过各种途径进入土壤，其数量超过了土壤的容纳和同化能力，而使土壤的性质、组成及性状等发生变化，并导致土壤的自然功能失调、土壤质量恶化的现象。

土壤污染物的来源具有多源性，其输入途径除地质异常外，主要是工业“三废”，即废气、废水、废渣，以及化肥农药、城市污泥、垃圾，偶尔还有原子武器散落的放射性微粒等。

土壤污染会导致以下后果：

#### 1. 土壤污染导致严重的直接经济损失

仅以土壤重金属污染为例，全国每年因重金属污染而减产粮食 $1000\times10^4$ 吨。另外，被重金属污染的粮食每年也多达 $1200\times10^4$ 吨，合计经济损失至少 200 亿元。对于农药和有机物污染、放射性污染、病原菌污染等其他类型的土壤污染所导致的经济损失，目前尚难以估计。

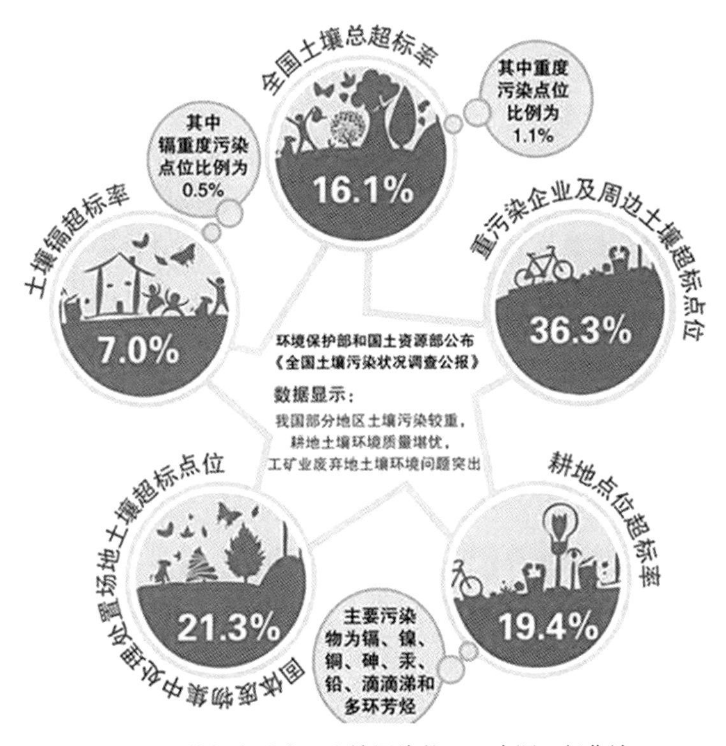


图 1-23　从数字看我国土壤污染状况（来源：新华社）

#### 2. 土壤污染导致食物品质不断下降

我国大多数城市近郊土壤都受到了不同程度的污染，许多地方的粮食、蔬菜、水果等食物中镉、砷、铬、铅等重金属含量超标和接近临界值。农田土壤污染除影响食物的卫生品质外，也明显地影响到农作物的其他品质。有些地区污水灌溉已经使蔬菜的味道变差，易烂，甚至出现异味。另外，农产品的储藏品质和加工品质也不能满足深加工的要求。

**3. 土壤污染危害人体健康**

土壤污染会使污染物在植物体中积累，并通过食物链富集到人体和动物体中，危害人畜健康，引发癌症和其他疾病等。

20 世纪 50 年代，在日本富山市神通川流域曾出现过“骨痛病”，后来的研究证实是由于当地居民长期食用被矿山和冶炼厂的镉污染了的稻米——“镉米”和大豆所引起的。到 1979 年为止，这一公害事件先后导致 80 多人死亡，直接受害者的人数更多，赔偿的经济损失也超过 20 多亿日元。

**4. 土壤污染导致其他环境问题**

土壤受到污染后，含重金属浓度较高的污染表土容易在风力和水力的作用下分别进入到大气和水体中，导致大气污染、地表水污染、地下水污染和生态系统退化等其他次生生态环境问题。

**（二）土壤退化**

随着“人口—资源—环境”之间矛盾的尖锐化，人类赖以生存和发展的土壤及土地资源的质量退化日趋严重，20 世纪 60 年代以来，世界各国对这个问题给予了极大的关注和重视。土壤及土地资源质量退化，就是一个直接影响地球表面系统土壤的生产力及其稳定性、土地承载力，并诱发全球变化，最终能从根本上动摇人类生存和发展的物质基础。

土壤退化是指在各种自然和人为因素影响下，导致土壤生产力、环境调控潜力和可持续发展能力下降甚至完全丧失的过程。简言之，土壤退化是指土壤数量减少和质量降低。数量减少表现为表土丧失、或整个土体毁坏、或被非农业占用。质量降低表现为物理、化学、生物方面的质量下降。

土壤退化的原因是自然因素和人为因素共同作用的结果。自然因素包括破坏性自然灾害和异常的成土因素（如气候、母质、地形等），它是引起土壤自然退化过程（侵蚀、沙化、盐化、酸化等）的基础原因。而人与自然相互作用的不和谐即人为因素是加剧土壤（地）退化的根本原因。人为活动不仅直接导致天然土地的被占用，更危险的是人类盲目地开发利用土、水、气、生物等农业资源（如砍伐森林、过度放牧、不合理农业耕作等），造成生态环境的恶性循环。例如，人为因素引起的“温室效应”，导致气候变暖和由此产生的全球性变化，必将造成严重的土地退化。水资源的短缺也促进土壤退化。

土壤退化的表现主要有以下 4 种形式：

**1. 土壤沙化和土地沙漠化**

我国沙漠化土地面积约 33. 4×10$^{4}$平方千米，根据土壤沙化区域差异和发生发展特点，我国沙漠化土壤（地）大致可分为 3 类：干旱荒漠地区的土壤沙化；半干旱地区的土壤沙化和半湿润地区土壤沙化。

土壤沙化对经济建设和生态环境危害极大。首先，土壤沙化使大面积土壤失去农、林、牧生产能力，使有限的土壤资源面临更为严重的挑战。我国 1979—1989 年，草场退化每年约 1. 3×10$^{6}$公顷，人均草地面积由 0. 4 公顷下降到 0. 36 公顷。其次，使大气环境恶化。由于土壤大面积沙化，使风挟带大量沙尘在近地面大气中运移，极易形成沙尘暴甚至黑风暴。20 世纪 30 年代的美国，20 世纪 60 年代的苏联均发生过强烈的黑风暴。20 世纪 70 年代以来，我国新疆发生过多次黑风暴。土壤沙化的发展，造成土地贫瘠，环境恶劣，威胁人类的生存。我国汉代以来，西北的不少地区是一些古国的所在地，如宁夏地区是古西夏国的地域，塔里木河流域是楼兰古国的地域，大约在 1500 年前还是魏晋农垦之地，但现在上述古文明已从地图上消失。

**2. 土壤盐渍化**

土壤盐渍化是指易溶性盐分在土壤表层积累的现象或过程，也称盐碱化（图 1-24）。我国盐渍土或称盐碱土的分布范围广、面积大、类型多，总面积约 1×10$^{8}$公顷。主要发生在干旱、半干旱和半湿润地区。盐碱土的可溶性盐主要包括钠、钾、钙、镁等的硫酸盐、氯化物、碳酸盐和重碳酸盐。硫酸盐和氯化物一般为中性盐，碳酸盐和重碳酸盐为碱性盐。

土壤盐渍化会引起植物“生理干旱”：当土壤中可溶性盐含量增加时，土壤溶液的渗透压提高，导致植物根系吸水困难，轻者生长发育受到不同程度的抑制，严重时植物体内的水分会发生“反渗透”，导致凋萎死亡。土壤中过多的盐分会直接毒害作用作物。盐渍化土壤中的碳酸盐和重碳酸盐等碱性盐在水解时，呈强碱性反应，高 pH 值条件会降低土壤中磷、铁、锌、锰等营养元素的溶解度，从而降低了土壤养分对植物的有效性。当土壤中含有一定量盐分时（特别是钠盐），对土壤胶体具有很强的分散能力，使团聚体崩溃，土粒高度分散，结构破坏，导致土壤湿时泥泞，干时板结坚硬，通气透水性不良，土壤适耕性变差。同时，不利于微生物活动，影响土壤有机质的分解与转化。

**3. 土壤潜育化**

土壤潜育化是土壤处于地下水，饱和、过饱和水长期浸润状态下，在 1 米内的土体中某些层段氧化还原电位（Eh）在 200 毫伏以下，并出现因铁、锰而生成的灰色斑纹层、或腐泥层、或青泥层、或泥炭层的土壤形成过程。土壤次生潜育化是指因耕作或灌溉等人为原因，土壤（主要是水稻土）从非潜育型转变为高位潜育型的过程。常表现为50厘米土体内出现青泥层。

我国南方有潜育化或次生潜育化稻田400多万公顷，约有一半为冷浸田，是农业发展的又一障碍。广泛分布于江、湖、平原，如鄱阳平原、珠江三角洲平原、太湖流域、洪泽湖以东的里下河地区、江南丘陵地区的山间构造盆地以及古海湾地区等。

**4. 土壤酸化**

为了追求保护地单产，长期施用化学肥料和有机肥，尤其是生理酸性肥料和没有腐熟完全的有机肥料，致使土体中有机肥施用不足，有机质含量降低，土壤的缓冲性减弱，进而导致保护地土壤的酸化。pH值低，氢离子会对作物产生直接危害、破坏生物膜使其透性增加、降低土壤微生物活性、影响作物根系发育，严重时造成根尖死亡。同时，游离铝和交换性铝浓度过高，还原态锰浓度过大，铝、锰等元素过多，影响酶的活性，抑制根细胞分裂和膜结构，影响矿质养分的吸收、运输和生物功能。而且，土壤养分有效性下降，引起氮、磷、钾、钙、镁、铝等多种元素的缺乏。

**5. 土壤板结**

由于长期施入磷酸二铵、尿素、硫酸铵，加之用水不合理，灌水次数频繁，引起地下水位进一步上升，矿化度增大，土壤团粒结构被破坏，大孔隙减少，通透性变差，毛管作用增强，盐分表聚逐渐加剧，造成不同程度的土壤板结（图1-25）。主要表现是土壤容重增大，土壤通气孔隙比例相对降低，耕作层变浅，土壤通气透水性变差，物理性状不良。

**图1-24　土壤盐渍化**

**图1-25　土壤板结**

**6. 土壤微生物与病虫害**

土壤退化会使土壤有益微生物的生长受到抑制，有害微生物大量繁殖，土壤微生物区系发生了很大变化，导致了微生物和无机物的自然平衡破坏，造成肥料分解转化过程受阻，土壤病菌和病害蔓延。同时，随着连作年限和次数的增多，细菌的种类和数量减少，而有害真菌的种类和数量增加，寄生型长蠕孢菌大量滋生，作物病害严重。造成这一原因是保护地土壤微生物区系失衡，有害微生物增加，土传病害严重。有关研究表明，引起蔬菜连作障碍70%的地块是由于病虫害所导致，由于大量化肥的使用，病原拮抗菌大量减少，导致病虫害的进一步蔓延。

## 三、解决土壤环境问题的举措

### （一）坚守耕地“红线”

随着我国工业化、城镇化进程加快，对土地的需求持续扩大，人口增长、基础设施建设等都需占用耕地。据研究表明，2009—2018年间中国耕地数量总体稳定，总量动态平衡的政策目标基本实现，但是区域差异明显。中国耕地共减少39.37万公顷，减少幅度为0.29%。

随着中国从农业社会向工业社会跨越，土地用途变更的结果是，虽然土地总面积基本不变，但宝贵的土壤资源不断在减少。为了确保国家粮食安全，我国实施了最严格的耕地保护制度，通过土地利用规划和管理，设立基本农田保护区，遏制因土地用途变更而导致优质农业土壤面积的减少。

耕地红线，指经常进行耕种的土地面积最低值。它是一个具有低限含义数字，有国家耕地红线和地方耕地红线。2006年3月，第十届全国人大第四次会议通过的《国民经济和社会发展第十一个五年规划纲要》明确提出，18亿亩耕地是一条不可逾越的红线。2009年6月23日国务院新闻办公室举行新闻发布会，国土资源部提出“保经济增长、保耕地红线”行动，坚持实行最严格的耕地保护制度，耕地保护的红线不能碰。

### （二）加强土壤污染防治，维护土壤健康

国务院强调当前我国土壤污染防治的主要任务包括：

（1）严格保护耕地和集中式饮用水水源地土壤环境。确定土壤环境优先保护区域，建立保护档案和评估、考核机制。国家实行“以奖促保”政策，支持工矿污染整治和农业污染源治理。

（2）加强土壤污染物来源控制。强化农业生产过程环境监管，控制工矿企业污染，加强城镇集中治污设施及周边土壤环境管理。

（3）严格管控受污染土壤的环境风险。开展受污染耕地土壤环境监测和农产品质量检测，强化污染场地环境监管，建立土壤环境强制调查评估制度。

（4）开展土壤污染治理与修复。以受污染耕地和污染场地为重点，实施典型区域土壤污染综合治理。

（5）提升土壤环境监管能力。深化土壤环境基础调查，强化土壤环境保护科技支撑。

### （三）进行土壤改良，防止退化

施用微生物肥料、有机无机复合肥及有机肥能提高作物产量，改善作物品质，提高作物的抗病性。采用双层暗管排水、滴灌淋洗土壤多余盐分使用作物秸秆是改良土壤次生盐渍化的主要措施。其他禾本科作物秸秆的碳氮比大，施入土壤以后，在被微生物分解过程中，能够同化土壤中的氮素，有效地降低土壤可溶盐的浓度，达到改良土壤的目的，进而可防治盐分随水分蒸发积聚于地表。施入一些非金属矿物质（天然沸石、膨润土等）既是天然的土壤改良剂，又是均衡土壤养分的缓冲剂，可改善土壤结构，提高土壤养分有效性，净化农业生产环境。应用间、套、轮作技术可使土壤盐分上升变缓或有所下降。据研究，在萝卜地中栽辣椒和在辣椒地中套苋菜，均可有效地降低保护地土壤表层的含盐量。烟雾剂熏蒸可有效减轻蔬菜病虫危害，减少化学农药的残留。蒸汽消毒法可通过高压密集的蒸汽，杀死土壤中的有害生物，改善土壤团粒结构，提高土壤通透性和排水性，无污染。增施有机肥，提高土壤对酸碱的缓冲能力；尽量不用过磷酸钙、氯化钾等酸性和生理酸性肥料，改用钙镁磷肥、硫酸钾等，这样既可以调节土壤酸度，又可以补充钙、镁等元素；同时可使用石灰，明显提高土壤 pH 值，并且能杀死土壤中的病菌。

### （四）垃圾回收，变废为宝

垃圾分类是指将性质相同或相近的垃圾分类装置，按照指定时间、种类，将该项垃圾放置于指定地点，由垃圾车予以收取，或投入适当回收系统。进行垃圾分类收集可以减少垃圾处理量和处理设备，降低处理成本，减少土地资源的消耗，具有社会、经济、生态 3 方面的效益。

关于垃圾分类的相关内容参考本书第 5 篇第三节公民生态文明行为。

## 第四节　其他环境问题

除上述大气、水和土壤三大主要环境问题外，全球还面临着生态系统退化与生物多样性较少、资源短缺、放射性污染与核污染等重大生态危机与环境问题。

## 一、生态退化与生物多样性减少

### （一）生态退化

生态退化是指由于人类对自然资源过度以及不合理利用而造成的生态系统结构破坏、功能衰退、生物多样性减少、生物生产力下降以及土地生产潜力衰退、土地资源丧失等一系列生态环境恶化的现象。

近百年来，生态退化问题在全球范围内十分严峻。根据联合国千年生态系统服务评估报告，全球约60%的生态系统处于退化与不可持续状态，《联合国防治荒漠化公约》在2018年世界防治荒漠化和干旱日发布的评估报告中警告，至2050年，土地退化将给全球带来23万亿美元的经济损失，但如果采取紧急行动，投入4.6万亿美元就可以挽回大部分损失；有报告显示，亚洲和非洲因土地退化遭受的损失为全球最高，每年分别达840亿美元和650亿美元。在中国，中度以上生态脆弱区面积约占陆地总面积的55%，荒漠化、水土流失、石漠化等主要集中在西北和西南地区，占国土面积的22%左右。

对全球生态退化分析可以发现，2000—2014年期间，以荒漠化、水土流失、石漠化为代表的生态退化区域表现出了退化持衡、加重、逆转的趋势。其中，呈现退化持衡趋势的区域约占全球退化区面积的59.1%，约有22.7%的退化区处于退化加重态势，约有18.2%的退化区出现了退化逆转的态势。其中，荒漠化加重区主要分布在美国中部落基山脉南部、南美洲南端巴塔哥尼亚高原、阿拉伯半岛中部以及俄罗斯南部等地；水土流失加重区主要分布在非洲中部、东北部，亚丁湾沿岸南部等地；石漠化加重区主要分布在小亚细亚半岛南部。在退化逆转区域中，荒漠化退化逆转区主要分布在美国北部、印度半岛北部及蒙古北部部分地区；水土流失退化逆转区主要分布在墨西哥东海岸、欧洲地中海沿岸及小亚细亚半岛，印度半岛西部、蒙古东部及中国黄土高原等地；石漠化退化逆转区主要分布在中国西南部云贵高原等地。

在中国，大部分退化区呈现退化持衡趋势，约占全部退化区面积的66.4%，约有11.5%的退化区发生退化加重，22.1%的退化区发生退化逆转。荒漠化退化加重区主要分布在新疆北部阿尔泰山及天山地区、内蒙古东部浑善达克沙地、鄂尔多斯以及祁连山南部等地；水土流失退化加重区主要分布在天山南麓及横断山区地区；石漠化加重区主要发生在云南东部、贵州中东部、广西西部及湖南西南部等地；草地退化加重区主要分布在内蒙古中部、西藏西北部及青海东南部等地。在退化逆转区中，荒漠化逆转区主要分布在西北部呼伦贝尔、科尔沁及中部阴山南麓地区，青海东部等地；水土流失逆转区主要分布在黄土高原、辽河流域以及秦巴山区等地；

石漠化逆转区主要分布在云贵高原等地。

### （二）生物多样性减少

生物多样性是指地球上的动物、植物、微生物的多样化和它们的遗传及变异，包括遗传多样性、物种多样性和生态多样性。当前地球上生物多样性损失的速度比历史上任何时期都快。1987—2003 年淡水脊椎动物的数字平均减少了 50%，鸟类和哺乳动物现在的灭绝速度可能是它们在未受干扰的自然界中的 100～1000 倍。大面积地砍伐森林、过度捕猎野生动物、工业化和城市化发展造成的污染和植被破坏、无控制的旅游、土壤和水及空气的污染、全球变暖等人类的各种活动，是引起大量物种灭绝或濒临灭绝的重要原因。研究表明，全球 60% 的生态系统的功能已经退化，或正在以不可持续的方式使用。由于人类的活动，地球上平均每天有一两种植物消失，每 15 分钟有一种生物消失。生物多样性的减少，将逐渐瓦解人类生存的基础。

生物多样性减少是生态环境退化的主要标志。中国濒危或接近濒危的高等植物有四五千种，占全国高等植物数的 15%～20%。已确认有 354 种野生植物和 258 种野生动物濒临灭绝。在联合国《国际濒危物种贸易公约》列出的 740 种世界性濒危物种中，中国占 189 种，约为总数的 1/4。在物种资源减少的情况下，外来物种入侵现象和生物物种资源流失的问题更加突出。据不完全统计，入侵中国的外来物种已达 200 余种，由此造成的经济损失每年约为 540 亿元。

我国原有的犀牛、白臀叶猴、新疆虎等物种已经灭绝。野马、白鳍豚、华南虎等物种已多年在野外找不到它们的踪影，几乎进入野外灭绝。我国濒危的物种金丝猴、云豹、红豆杉等的分布区已明显缩小，数量骤减。我国过去较多的物种，如中华鲟、达氏鲟、江豚变为稀有、濒危动物。

## 二、放射性污染与核污染

### （一）什么是辐射

在自然界和人工生产的元素中，有一些能自动发生衰变，并放射出肉眼看不见的射线。这些元素统称为放射性元素或放射性物质。在自然状态下，来自宇宙的射线和地球环境本身的放射性元素一般不会给生物带来危害。

辐射存在于整个宇宙空间，分为电离辐射和非电离辐射两类。在核能领域，人们主要关心的是电离辐射可能产生的健康影响及其防护。通常将电离辐射简称为辐射或辐射照射。

人类有史以来一直受着天然电离辐射源的照射，包括宇宙射线、地球放射性核素产生的辐射等。人类的很多活动都离不开放射性，例如，人们摄入的空气、食物、水中的辐射照射剂量约为 250 微西弗/年，乘飞机旅行 2000 千米约 10 微西弗；一次

X 光检查 100 微西弗。来自天然辐射的个人年辐射量全球平均约为 2400 微西弗。人类所受到的集体辐射剂量主要来自天然本底辐射和医疗，核电站产生的辐射剂量非常小，约占 0. 25%。

### （二）辐射的来源与危害

20 世纪 50 年代以来，人的活动使得人工辐射和人工放射性物质大大增加，环境中的射线强度随之增强，危及生物的生存，从而产生了放射性污染。放射性污染很难消除，射线强弱只能随时间的推移而减弱。

放射性污染物主要来源于原子能工业排放的废物、核武器试验的沉降物、医疗和科研放射等。核污染来源主要有，核武器实验、使用，核电站泄露，工业或医疗上使用的核物质遗失、核武器爆炸、热辐射伤害、核辐射伤害、放射性存留等。

原子能工业中核燃料的提炼、精制和核燃料元件的制造，都会有放射性废弃物产生和废水、废气的排放。这些放射性“三废”都有可能造成污染，由于原子能工业生产过程的操作运行都采取了相应的安全防护措施，“三废”排放也受到严格控制，所以对环境的污染并不十分严重。但是，当原子能工厂发生意外事故，其污染是相当严重的。国外就有因原子能工厂发生故障而被迫全厂封闭的实例。

在进行大气层、地面或地下核试验时，排入大气中的放射性物质与大气中的飘尘相结合，由于重力作用或雨雪的冲刷而沉降于地球表面，这些物质称为放射性沉降物或放射性粉尘。放射性沉降物播散的范围很大，往往可以沉降到整个地球表面，而且沉降很慢，一般需要几个月甚至几年才能落到大气对流层或地面，衰变则需上百年甚至上万年。

医疗检查和诊断过程中，患者身体都要受到一定剂量的放射性照射，例如，进行一次肺部 X 光透视，约接受（4~20）×0. 0001 西弗的剂量（1 西弗相当于每克物质吸收 0. 001 焦的能量），进行一次胃部透视，约接受 0. 015~0. 03 西弗的剂量。

科研工作中广泛地应用放射性物质，除了原子能利用的研究单位外，金属冶炼、自动控制、生物工程、计量等研究部门、几乎都有涉及放射性方面的课题和试验。在这些研究工作中都有可能造成放射性污染。

一定量的放射性物质进入人体后，既具有生物化学毒性，又能以它的辐射作用造成人体损伤；体外的电离辐射照射人体也会造成损伤，放射性核素可以对周围产生很强的辐射，形成核污染。放射性沉降物还可以通过食物链进入人体，在体内达到一定剂量时就会产生有害作用，如头晕、头疼、食欲不振等症状，发展下去会出现白细胞和血小板减少等症状。如果超剂量的放射性物质长期作用于人体，就能使人患上肿瘤、白血病及遗传障碍。

### （三）重大核事故

#### 1. 三里岛核事故

1979 年 3 月 28 日凌晨 4 时，美国宾夕法尼亚州的三里岛核电站第 2 组反应堆的操作室里，红灯闪亮，汽笛报警，涡轮机停转，堆芯压力和温度骤然升高，2 小时后，大量放射性物质溢出。在三里岛事件中，从最初清洗设备的工作人员的过失开始，到反应堆彻底毁坏，整个过程只用了 120 秒。6 天以后，堆芯温度才开始下降，蒸气泡消失——引起氢爆炸的威胁免除了。100 吨铀燃料虽然没有熔化，但有 60% 的铀棒受到损坏，反应堆最终陷于瘫痪。此事故列为核事故的第五级。

#### 2. 切尔诺贝利核电事故

1986 年 4 月 26 日，乌克兰基辅市以北 130 千米的切尔诺贝利核电站的灾难性大火造成的放射性物质泄漏，污染了欧洲的大部分地区，国际社会广泛批评了苏联对核事故消息的封锁和应急反应的迟缓。在瑞典境内发现放射物质含量过高后，该事故才被曝光于天下。此事故列为核事故的第七级（顶级）。

切尔诺贝利核电站是苏联最大的核电站，共有 4 台机组。4 月，在按计划对第 4 机组进行停机检查时，由于电站人员多次违反操作规程，导致反应堆能量增加。4 月 26 日凌晨，反应堆熔化燃烧，引起爆炸，冲破保护壳，厂房起火，放射性物质源泄出。用水和化学剂灭火，瞬间即被蒸发，消防员的靴子陷没在熔化的沥青中。1、2、3 号机组暂停运转，电站周围 30 千米宣布为危险区，撤走居民。事故发生时当场死亡 2 人，遭辐射受伤 204 人。5 月 8 日，反应堆停止燃烧，温度仍达 300 摄氏度；当地辐射强度最高为每小时 15 毫伦琴，基辅市为 0.2 毫伦琴，而正常值允许量是 0.01 毫伦琴。瑞典检测到放射性尘埃，超过正常数的 100 倍。西方各国赶忙从基辅地区撤出各自的侨民和游客，拒绝接受白俄罗斯和乌克兰的进口食品。苏联官方 4 个月后公布，共死亡 31 人，主要是抢险人员，其中包括 1 名少将；得放射性疾病的 203 人；从危险区撤出 13.5 万人。1992 年乌克兰官方公布，已有 7000 多人死亡于本事故的核污染。

#### 3. 日本福岛核电事故

福岛县第一核电站是世界最大的核电站福岛核电站的第一站，位于福岛工业区，是东京电力公司的第一座核能发电厂，共有 6 台机组，均为沸水堆。

2011 年 3 月 12 日，受东日本大地震影响，福岛县第一次发生核泄漏（图 1-26）。日本内阁官房长官枝野幸男表示第一核电站的 1~6 号机组将全部永久废弃。

2012 年 3 月 26 日，东京电力公司首次采用内视镜，调查后表示高辐射量之下停留 8 分钟的话，人就会死亡。

图 1-26　2011 年 3 月 12 日福岛第一核电站发生核泄漏

## （四）核与辐射突发事件的处理

一旦出现核与辐射突发事件，公众必须做的第一件事是尽可能获取可信的关于突发事件的信息，了解政府部门的决定、通知。应通过各种手段保持与地方政府的信息沟通，切记不可轻信谣言或小道信息。第二件事是，迅速采取必要的防护措施。例如，可以选用就近的建筑物进行隐蔽，应关闭门窗，关闭通风设备。根据地方政府的安排实施有组织、有序地撤离。当判断有放射性散布事件发生时，切忌不能迎着风，也不能顺着风跑，应尽量往风向的侧面躲，并迅速进入建筑物内隐蔽。采取呼吸道防护，包括用湿毛巾、布块等捂住口鼻，过滤放射性粒子。若怀疑身体表面有放射性污染，立即洗澡和更换衣服来减少放射性污染。防止食入污染的食品或水。服用稳定性碘能防止或减少烟羽中放射性碘进入体内后在甲状腺内沉积。

“隐蔽”指人员停留在或进入室内，关闭门窗及通风系统，以减少烟羽（沉降灰）中放射性物质的吸入和外照射，并减少来自放射性沉积物的外照射。

“撤离”指将人们由受影响地区紧急转移，以避免或减少来自烟羽或高水平放射性沉积物引起的大剂量照射。该措施为短期措施，预期人们在预计的某一有限时间内可返回原住地。

在事故发生早期，即发生核与辐射突发事件后的 1~2 天内，对人员可以采用的防护措施有：隐蔽、呼吸道防护、服用稳定性碘、撤离、控制进出口通路等。

在事故发生中期，已有相当大量的放射性物质沉积于地面。此时，对个人而言除了可考虑中止呼吸道防护外，其他的早期防护措施可继续采取。为避免长时间停留而受到过高的累积剂量，主管部门可采取有控制和有计划地将人群由污染区向外搬迁。还应该考虑限制当地生产或贮存的食品和饮用水的销售和消费。根据这个时期对人员照射途径的特点，可采取的防护措施还有在畜牧业中使用储存饲料，对人员体表去污，对伤病员救治等。

在事故发生晚期，即在恢复期面临的问题是：是否和何时可以恢复社会正常生活；或者是否需要进一步采取防护措施。在事件晚期，主要照射途径为污染食品的食入和再悬浮物质的吸入引起的内照射。因此，可采取的防护措施包括控制进出口通路、避迁、控制食品和水，使用储存饲料和地区去污等。

出现核与辐射恐怖事件，公众要特别注意保持心态平稳，千万不要惶恐不安。

## 三、资源短缺

### （一）资源及其特征

#### 1. 什么是资源

自然界的土地、水、矿物、空气、森林和草地等，是在人类出现之前就存在于地球上的自然物，在没有人类干预前，它们按照自身的规律运动、变化着，只是在人类出现之后，被人类利用，并给人类带来效益，才被人类称为自然资源，简称为资源。

#### 2. 资源的特征

（1）资源系统的整体性和各种资源的相关性。

（2）资源的有限性：众所周知，地球上有很多物资并不是取之不尽用之不竭的，有很多资源是不可再生资源。

（3）资源分布的不均衡性。

（4）资源系统的演变性：全球资源系统和人类社会系统存在着永恒的矛盾，于自然界本身的演变规律和人类对资源的干预，引起资源种类、数量、质量分布的演变。

#### 3. 资源危机

目前，地球仍是全人类赖以生存的唯一家园。第二次世界大战后的几十年里，人类开发资源手段之先进，能力之巨大前所未有。某种程度看，当今人类已经成为一种超越自然的巨大力量，开发利用自然资源的范围，由地表向地球深层和太空扩展，由陆地向近海和远洋扩展。现在全球每年开采各种矿产 150 亿吨以上；人类农业活动每年可移动 30 立方千米的物质；人类每年从海洋中的捕鱼量约 1 亿吨。

由于人资源消耗量的不断增大，加上交通、通信事业的飞速发展，人类生产活动和社会活动的范围不断扩大，因此，资源开发利用突破了区城界限和国界，资源配置向国际化和全球性发展。由此而引起了一系列的全球性问题，如由于化石燃料大量燃烧导致全球气候变暖；资源的不合理利用造成土地退化、森林滥伐、生物多样性的减少等；点多面广的污染问题也与资源利用有关；重大自然灾害频发造成次生环境问题。

### （二）我国资源问题

过去人们一直持有这样的传统观念，中国幅员辽阔，地大物博，因而资源是取之不尽、用之不竭的。实际上，中国的资源人均并不丰富，且资源产出效率不高，在经济持续快速发展的多年后，资源制约发展的瓶颈凸显，成为中国当前突出的生态问题。

#### 1. 土地资源

我国土地资源的特点是“一多三少”，即绝对数量多，人均占有量少，高质量的耕地少，可开发后备资源少。我国内陆土地总面积约 960 万平方千米，居世界第三位，但人均占有土地面积约为 8000 平方米，不到世界平均水平的 1/3。

#### 2. 水资源

中国是一个干旱和严重缺水的国家，虽然淡水资源总量为 2. 8 万亿立方米，占全球水资源的 6%，仅次于巴西、俄罗斯和加拿大居世界第四位，但人均只有 2100 立方米，仅为世界平均水平的 1/4，在世界上名列第 121 位，是全球 13 个人均水资源最贫乏的国家之一。中国现实可利用的淡水资源仅为 1. 1 万亿立方米左右，人均可利用水资源量约为 900 立方米。并且分布极不均衡，已有 400 多个城市存在供水不足问题，其中比较严重的缺水城市达 110 个，全国城市缺水总量为 60 亿立方米。

#### 3. 木材资源

据第九次全国森林资源普查，目前我国森林面积和林木蓄积量在世界上排第 6 位，但人均量分别仅及世界人均值的 1/6 和 1/8。森林蓄积量为 112. 7 亿立方米，林木总蓄积量占世界总量的 3%；森林覆盖率为 22. 96%，排世界第 142 位。

#### 4. 矿产资源

我国矿产资源相对比较丰富，但人均占有量仅为世界平均水平的 58%，大型和超大型矿床比重很小，贫矿、难选矿和共伴生矿多，尤其是铁、铜、铝土、铅、锌、金等多为贫矿，难选比重大，开采成本普遍较高，实际可供利用的资源比例较低。我国 45 种主要矿产资源人均占有量不足世界平均水平的一半，许多重要资源更是远低于世界平均水平。再加上我国单位 GDP 能源消耗、用水量仍大幅高于世界平均水平，铜、铝、铅等大宗金属再生利用仍以中低端资源化为主。重点行业资源产出效率不高，再生资源回收利用规范化水平低，回收设施缺乏用地保障，低值可回收物回收利用难，大宗固废产生强度高、利用不充分、综合利用产品附加值低等一类列问题，都严重制约我国发展。

### （三）如何应对我国资源危机

生态环境问题，归根到底是资源过度开发、粗放利用、奢侈消费造成的。资源开发利用既要支撑当代人过上幸福生活，也要为子孙后代留下生存根基。也就是说人类面临的生态环境问题的根源，就是要解决资源过度开发和过度消费的问题，确保人类赖以生存的自然资本总量不减，在更高水平实现人与自然的和谐共生。

#### 1. 采选环节贯彻“节约”理念

健全资源产权制度和有偿使用制度，发挥标准规范的强制和引领作用，完善矿产资源开发利用管理制度，强化“三率”（开采回采率、选矿回收率、综合利用率）等约束性指标管理，通过奖惩政策提高能源资源开发利用水平。开展技术需求调查，建立矿产资源节约和高效利用先进适用技术推广平台，通过先进适用技术提高资源利用水平。鼓励和推进废石、矸石等废弃物资源化利用。

#### 2. 在产业加工利用环节贯彻“集约”理念

强化企业技术创新主体地位，充分发挥市场对绿色产业发展方向和技术路线选择的决定性作用，改造提升传统产业，提高资源消耗的经济产出率；完善资源循环利用制度，实行生产者责任延伸制度，推动生产者落实废弃产品回收处理等责任，推进产业循环式组合，促进生产系统和生活系统的循环链接，构建覆盖全社会的资源循环利用体系，促进资源循环利用。

#### 3. 在全社会贯彻“减约”理念

树立节约集约循环利用的资源观，引导全社会树立正确的消费观，倡导合理的消费模式，力戒过度消费和奢侈浪费，杜绝炫耀式消费、攀比式消费，提倡节俭消费、绿色消费、文明消费。

## 四、传染病危机

### （一）传染病及其类别

传染病是由各种病原体引起的能在人与人、动物与动物或人与动物之间相互传播的一类疾病。中国目前的法定报告传染病分为甲、乙、丙 3 类，共 40 种。此外，还包括国家卫生健康委决定列入乙类、丙类传染病管理的其他传染病和按照甲类管理开展应急监测报告的其他传染病。

传染病的发病机理是外部病毒的入侵破坏了人体自身的免疫平衡，而传染病病毒的肆虐在一定程度上反映出人与自然关系的失衡。自然生态环境是影响人类健康的最主要因素之一，破坏环境会造成不良后果，造成包括传染病在内的疾病发病率和死亡率增高。

**1. 甲类传染病**

甲类传染病也称为强制管理传染病，包括鼠疫、霍乱。

对此类传染病发生后报告疫情的时限为城镇于6小时内，农村于12小时内，对病人、病原携带者的隔离、治疗方式以及对疫点、疫区的处理等，均强制执行。

**2. 乙类传染病**

乙类传染病也称为严格管理传染病，包括新型冠状病毒肺炎、炎布鲁氏菌病、艾滋病、狂犬病、结核病、百日咳炭疽病、毒性肝炎、登革热、新生儿破伤风、流行性乙型脑炎、H7N9禽流感、血吸虫病、钩端螺旋体病、梅毒、淋病猩红热、流行性脑脊髓膜炎、伤寒和副伤寒、疟疾、流行性出血热、麻疹、人感染高致病性禽流感、脊髓灰质炎、传染性非典型肺炎等26种。

对此类传染病发生后报告疫情的时限为城镇于12小时内，农村于24小时内，对乙类传染病中新型冠状病毒肺炎、传染性非典型肺炎、炭疽中的肺炭疽、人感染高致病性禽流感，采取本办法所称甲类传染病的预防、控制措施。

**3. 丙类传染病**

丙类传染病也称为监测管理传染病，包括感染性腹泻病丝虫病、麻风病、黑热病、棘球蚴病、流行性和地方性斑疹、伤寒、急性出血性结膜炎、风疹、流行性腮腺炎、流行性感冒（流感）、手足口病等11种。对此类传染病要按国务院卫生行政部门规定的监测管理方法进行管理。报告时限为24小时内。

**（二）传染病的传播**

病原体从已感染者排出，经过一定的传播途径，传入易感者而形成新的传染的全部过程。传染病得以在某一人群中发生和传播，必须具备传染源、传播途径和易感人群3个基本环节。

**1. 传染源**

在体内有病原体生长繁殖，并可将病原体排出的人和动物，即患传染病或携带病原体的人和动物。患传染病的病人是重要的传染源，其体内有大量的病原体。病程的各个时期，病人的传染源作用不同，这主要与病种、排出病原体的数量和病人与周围人群接触的程度及频率有关。

**2. 传播途径**

（1）接触性传播。经由直接碰触而传染的方式称为接触传染，这类疾病除了直接接触患者，也可以透过共享牙刷、毛巾、刮胡刀、餐具、衣物等贴身器材，或是因患者接触后，在环境留下病原达到传播的目的。

（2）空气传播。有些病原体在空气中可以自由散布，直径通常为5微米，能够长时间浮游于空气中，做长距离的移动，主要借由呼吸系统感染，有时亦与飞沫传染混称。

（3）水和实物传播。

（4）虫媒传播。被病原体感染的蚊虫，通过叮咬把病原体感传给了易感者。

（5）其他传播方式。如血液、体液传播，病原体存在于患者血液、体液中，经过输血或者分娩等途径就会获得感染。

**3. 易感人群**

易感人群是指人群对某种传染病病原体缺乏免疫力而容易感染该病的人群。人群中缺乏某种传染病特异免疫力的人数多，就对该病易感性高，反之则称易感性低。人群对某种病的易感性高是该病在人群中流行的基础；若易感性低，则可抑制相应传染病的流行。

人群中新生儿数增高，则人群免疫力下降，使人群易感性升高。免疫接种可使人群易感性降低。

传染病的传播还受自然因素和社会因素的影响。自然因素如温度、湿度、植被、土质、降雨量等能影响病原体生存繁殖，促进或抑制动物传染源与媒介节肢动物的活动，但对人群易感性的影响不明显。社会因素如文化水平、风俗习惯、宗教信仰、社会制度等，对传染病传播的影响是复杂的，某些因素可起抑制作用，另一些则起促进作用。

自然因素和社会因素通过传染源、传播途径和人群易感性而促进或抑制传染病的传播。在这两类因素中，自然因素变化甚小，而人群社会生活的各方面则不断地改变，所以社会因素对传染病的影响更为明显和深刻。

# 第二篇　绿色新政：生态之治

## 第一节　人类文明历史进程

文明是指达到一定阶段、程度的文化。在人类不再与野兽同游，不再同猿猴为伍的时候起，即在人类有意识地改造世界的劳动时，就展示了人类文明，并推动着人类社会不断向前发展，这也是人类与动物的根本区别所在。

文明是人类社会的一种进步状态，是社会发展到一定阶段或程度的表现，在一定社会生产方式基础上产生并不断发展变化，包括物质文明和精神文明。

原始社会（约公元前 170 万年—前 21 世纪）是人类从猿类分化出来之后所建立的第一个共同体，也就是人类历史的第一阶段。到目前为止，世界上各民族都经历过原始社会。人类在原始社会创造的物质和精神文化的成果即是原始文明。

约公元前 9000 年起，人类社会开始产生农业和畜牧业，这是从人类诞生以来，最为重要，有着深远意义、长久影响的文化创造，是导致文明产生的根本原因和基本前提。

农业革命使人类与自然界的关系从被动适应转变为主动作用于自然从而改造自然。从依赖自然界以采集现成的天然食物为生，转变为主动利用自然界资源，靠人类的活动来创造和生产食物。有了农业和畜牧业，人类第一次将自己的劳动同动植物的生物学过程紧密结合起来，开创了“自然界为劳动提供材料，劳动把它变成财富”的物质资料生产。农业革命不仅是一次经济技术革命，它还改变了人类的生活、居住方式，带来了新的劳动分工，并引起往后一系列深刻的社会变化。

18 世纪中叶，英国人瓦特改良蒸汽机之后，由一系列技术革命引起了从手工劳动向动力机器生产转变的重大飞跃。继英国之后，法、美等国也在 19 世纪中期完成工业革命。它极大地促进了社会生产力的发展，巩固了新兴的资本主义制度，引起了社会结构和东西方关系的变化，对世界历史进程产生了重大影响。

工业革命是人类社会的巨大飞跃，它所建立起来的工业文明，终结了延续几千年的传统农业文明，使资本主义生产方式战胜了封建生产方式。它不仅从根本上促进了社会的生产力，创造出巨量的物质财富，而且也贡献出无与伦比的精神财富。譬如科技方面的急剧进步、经济社会结构的深刻变革、人的生存方式等都发生了极大的变化。

工业文明创造了人类历史上前所未有的成就，但也使自然界遭受了前所未有的浩劫。工业革命以来人对自然的大规模不当干预引发了人与自然之间的冲突，人类在享有工业文明带来的便利的同时，也正在品尝自己酿造的苦酒：大气污染和酸雨、水污染、噪声污染、固体废物污染、化学污染、放射性污染、森林草原退化、矿产资源枯竭、物种灭绝、臭氧层空洞、全球变暖等。

如果人类只是陶醉于工业文明所带来的成果，而不正视其危害并采取有效措施的话，工业文明不仅会造成地球生态系统的资源耗损和环境污染，更会一步步导致生态圈的全面衰竭。

工业发展带来的资源、生态和环境问题，是人类在欢庆科学技术进步和经济飞速发展的同时受到的“当头一棒”。它使人类惊醒，激发了人类的思考，经过长期、反复的争论和工作，终于催生生态文明理念。

## 一、原始文明

### （一）人类文明的摇篮——古代两河流域

地球上最早出现文明之光的是两河流域，两河是指亚洲西南部的幼发拉底河和底格里斯河。古代希腊人称它为“美索不达米亚”，意为河间之地。两河流域分为南北两个部分，其中北部主要是亚述（Assyria）人所建立的文明，南部称为巴比伦尼亚地区（Babylonia），在巴比伦尼亚地区的北部生活着阿卡德人（Akkadia），南部则孕育了两河流域最早的苏美尔（Sumer）文明。正是它奠定了整个两河流域文明的基础，此后在两河流域兴起的文明都不同程度地从苏美尔文明那里汲取了营养。从公元前 4000 年到大约公元前 2400 年期间，是苏美尔城邦发生、发展的时期。

苏美尔文明是两河流域最早的文明，在这段文明时期，苏美尔人已有了多神崇拜，也有了罪恶感和向神赎罪的意识。约公元前 3100 年，苏美尔人创造了楔形文字，苏美尔人还用这种文字创作了《基尔伽美什史诗》等诗篇。除了楔形文字外，苏美尔人已能把五大行星和恒星区别开来，并将肉眼能看到的星辰划分为星座，以后又从星座中划分出黄道十二宫。此后两河流域兴起的诸文明，要么直接继承，要么经过改造后使用了苏美尔人的文字。

苏美尔文明之后是阿卡德（Akkadian）文明。阿卡德的开国国王萨尔贡是从苏美尔城邦中获得权力后开始起步的。萨尔贡（Sangonl）是世界上最早的大帝国的缔造者之一，并被认为是两河流域军事传统的缔造者，他统治的时期大致在公元前

图 2-1　原始楔形文字

2334—前 2279 年。

阿卡德王国灭亡后，两河流域陷入混乱状态，苏美尔城邦借机开始复兴。但后者很快便被来自西北部的阿摩利人（Amorite）所灭亡。阿摩利人于公元前 1894 年在苏美尔建立了古巴比伦王国（Ancient Babylon Kingdom）。古巴比伦王国发展到第六代王汉谟拉比（Hammurabi，公元前 1792—前 1750 年在位）时期，开始逐渐兼并各邦，统一了苏美尔和阿卡德。在汉谟拉比时期，巴比伦王国编撰了历史上著名的《汉谟拉比法典》。汉谟拉比死后，南部两河流域发生了大暴动。此后，古巴比伦王国开始衰落。

### （二）尼罗河的赠礼——埃及

埃及位于非洲东北部的尼罗河下游，远在旧石器时代，非洲北部已有居民。那时北非的气候温和湿润、布满草丛森林，当时的居民以渔猎和采集为生。大约在 1 万年前，最后一次冰期结束，北非气候逐渐转为干旱，并出现了沙漠。但纵贯境内的尼罗河却把埃及变成了沙漠中的绿洲，于是许多居民便陆续迁到尼罗河两岸。尼罗河每年定期泛滥，在埃及境内的一段，每年 6~7 月间因上游山洪下泻逐渐淹没河谷两岸，9~10 月达高潮，11 月开始退潮。泛滥期间，久旱的农田得到充分的灌溉，待洪水消退后留下一层肥沃的淤泥，有利于农作物生长。

尼罗河为古埃及人带来了发达的古代农业，在此基础上产生了尼罗河流域的文明。埃及的文字、文学、建筑、艺术和科学等，对古代许多国家特别是地中海东岸各国有过较大的影响，对人类文化发展有重大贡献。如古埃及人发明的象形字，传给了地中海东岸的商业氏族腓尼基人，并由此形成了希腊字母。埃及文字除象形字多用于铭刻以外，祭司体和氏书体一般写在纸草上。纸草是利用纸莎草制作而成的，纸莎草是沼泽地区的一种高秆植物，茎部纤维性强，将其剖成长条，再用树胶粘联起来。它不但是古埃及人使用的纸张，随后也成为地中海东部地区通用的纸张。在科学知识方面：已知 40 多个星座；制定历法，把全年分 12 个月，每月 30 天，年终增加5天作节日之用（人类历史上产生的第一部太阳历）；金字塔的建造，说明埃及人已掌握必要的数学知识和高超的艺术；医学上，医生有专业分工，如治疗眼疾、牙痛、外伤等。

### （三）南亚文明的滥觞——古印度河流域

印度这一名称来源于巴基斯坦境内的印度河。印度位于亚洲的南部，高耸的喜马拉雅山把印度与亚洲大陆隔开，在地理上形成一个独立的区域。这块大陆的南半部是一个三角形半岛，东为孟加拉湾，西为阿拉伯海。发源于喜马拉雅山的印度河，其流域是古代印度重要的经济区域，也是印度历史上重大事件发生的主要舞台。

南部德干高原有富饶的森林和矿产，山地起伏，高原两侧的沿海是平原，气候良好，雨量充沛，适于农耕。和所有其他古代文明一样，印度河流域主要是农业文明，主要农作物有小麦和大麦，以及紫花豌豆、甜瓜、芝麻、椰枣和棉花——印度河流域是最早用棉花织布的地方。已经驯养的动物有狗、猫、牦牛、水牛等。古代印度与外部世界也有相当的贸易关系，在美索不达米亚公元前2300年的废墟中发现了印度河流域的印章，在波斯的巴林岛上也发现了一些古印度河流域的产品。

古印度具有其独特的文化，最古老的文献是《吠陀》和史诗《摩河阿罗多》《腊玛延那》，都具有极高的文学价值。还有阿旃陀石窟的艺术表现及自然科学方面的10个数字符号的发明，后经阿拉伯人略加修改传至欧洲，被称为阿拉伯数字。

### （四）西方文化的源头——克里特岛的文明

克里特岛位于地中海东部中心，岛上土壤肥沃，以盛产鱼、水果，尤其是橄榄

图2–2　克里特文明最伟大的创造——米诺斯王宫

油而出名。从克里特岛可北达希腊大陆和黑海，东到地中海东部诸国家和岛屿，南抵埃及，西至地中海中部和西部的岛屿和沿海地区，不管朝哪一方向航行，几乎都可终见陆地，所以最终的结果是克里特成为地中海贸易中心。

克里特岛人与外界的距离较近，可以受到来自美索不达米亚和埃及的各种影响。与此同时，在发展过程中也保持自己的特点，表现自己的个性。公元前3000年中期，克里特岛进入金石并用时代，产生了克里特文明。克里特岛特殊的地理位置，使得它的文明具有水陆双重性。

古代作家把克里特岛称作“伟大、富有、衣食充足”的有福人之岛。最能体现克里特文明的是它的建筑，如米诺斯王宫规模宏大、结构复杂。里面千门万门、曲折相通，在古希腊神话中有“迷宫”之称。其中最了不起的是复杂的取水和排水系统，天一下雨，雨水便把下水道冲刷得干干净净，工匠还可以到里面维修。

### （五）华夏的文明摇篮——黄河流域

黄河流域是世界的又一个文明发源地，养育黄河流域文明的是一片密集的粉沙细土，这种泥土被称为黄土，它覆盖了河西走廊东面的广大地区。一般认为，黄土是在地质年代较近的第四纪的寒冷干燥时期，由强劲的西北风吹送来的。其源地在北部和西北部的甘肃、宁夏、蒙古高原，以至中亚的干旱沙漠地区。有些地方的黄土堆积得很厚，超过100多米。其天然的肥力，不逊于当时世界上任何种植农作物的土壤。因此，黄河流域同美索不达米亚、埃及和印度河流域一样，产生了古代文明。

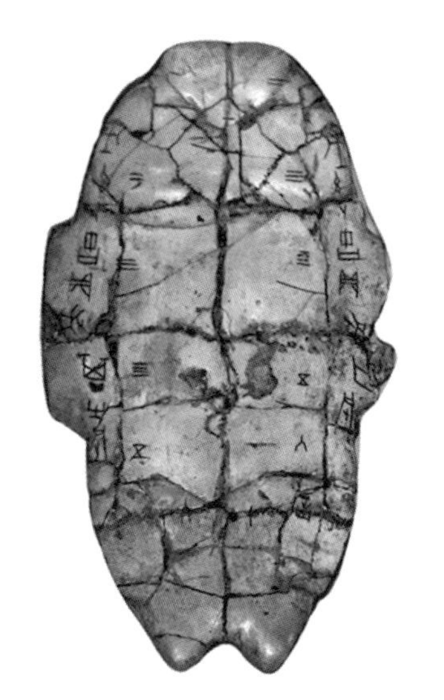

图2-3　卜甲商王武丁时期

黄河流域的文明由诸多成分组成，如陶器、丝织品、青铜、文字、大麦、小麦、羊、牛、马等。黄河流域的青铜冶铸技术在世界上居遥遥领先的地位，当时祭拜祖先时用来存放肉类、谷物和酒等祭品的礼器都是青铜制的。青铜制品大小各异，表面饰有丰富多彩的几何形花纹和许多真实或想象的动物图案。在商朝废墟中发现的表意文字——甲骨文，对中国和整个东亚的历史都有极其重要的意义。这些商朝的文字大多发现于龟甲兽骨上，这些龟甲兽骨是当时的人用来占卜吉凶祸福的——这也是中国人一个独特的习俗。中国古代精美的陶器和丝织品在世界上也是独领风骚。

可以说，人类文明源于大河文明。这些大河流域地势平坦、土地肥沃、水源充足、交通便利，加上当时温暖的气候条件，从而形成了各自的文明。这些不同类型的文明，通过不同的途径不断地向外传播。他们或向当时的野蛮之地播撒文明之光，或在与别的文明的碰撞、融合中继续传播，最终形成了世界古代文明的大格局，也为此后世界文明的进一步发展和传播奠定了基础。

## 二、农业文明

### （一）世界三大农业起源地

农业，是人类社会迄今为止最为古老的产业。在农业产生以前，古人类经历了漫长的以渔猎采集获取生活必需的时代。从全世界的范围来看，具有原生形态的人类早期文明也往往建立在农业发生发展的基础之上，一个明显的证据便是，世界农业起源中心与人类早期文明的诞生地基本重合。而且，原始农业在世界各地也基本全部先于早期文明而起源。

大量考古与遗传学研究成果揭示：农业起源中心有三处，这就是西亚北非、中国以及自墨西哥至南美安第斯山区。

无论西亚、北非还是中国黄河流域、墨西哥以及南美安第斯山区，都属于半湿润、半干旱地区。半湿润、半干旱条件意味着降雨量不多，这对植物生长不能算作理想的条件，因此，植物种群的密度与种类并不特别丰富，与此对应的动物种类数量必然也不多，而所有这一切都是人类采集、猎获的对象。本来就不丰富的资源，经末次冰期后气候转冷、转干，更不易满足人类需求。既然靠天靠地不是唯一的出路，人类自然会将获取食物的途径投向原本从属采集、猎获的动植物培育。凭借生产劳动获得食物，不是人们欣然主动的选择，是食物短缺的压力迫使人们停止在流动中搜寻食物，而转向脚下的土地，并在播种之后等待收获。固然通过生产获得的回报、种类与营养均不如采集、猎获所得，但是能够让人们就此持续不断地进行下去，一直延续到今天的原因，是收获物的稳定且可靠。大自然的赏赐越欠缺，人类越需要通过劳动、技术探索与发明创造来弥补资源禀赋的不足，也许正是这样的原因，农业起源中心不在雨量充沛、绿野青山的西欧、中欧，而落在这些干旱的大河流域。

人类在年复一年的重复性劳动中形成系列技术，发明与之配套的生产工具，并将生产、收获融为完整的生产过程，农产品成为人们维持生命的基本食物来源时，农业才成型。农业乃至于文明起步之地均不属于自然资源丰富的地带，人们需要技术探索与发明创造来弥补自然赏赐的不足。

尽管世界三大农业起源地互不衔接，相距遥远，但是三块土地上的人们几乎不约而同地着手驯化农作物，其中西亚、北非的土地上的人们将野生小麦、大麦、扁豆、豌豆、葡萄、橄榄等成功地驯化为农作物，中国的黄河、长江中下游地区的人们则分别驯化了谷子、黍子、大豆、水稻等，墨西哥至南美洲安第斯山区则驯化了玉米、甘薯、马铃薯、花生、烟草、辣椒等。除三大农业起源地之外，印度驯化了棉花，东南亚驯化了芋头等块茎类作物。人类逐步参与世界上动植物的进化，并顺应自己的需要，将野生植物引向人工栽培作物，将野生动物驯化为家畜，进而推动整个世界步入农业社会。

### （二）中国农业的“四大发明”

农业是文明滋生的土壤，中国“上下五千年”的文明进程是从农业开始。中华文明不仅源于农业，且农业登上历史舞台的年代正合“上下五千年”之数。10000年前，谷子、黍子、水稻已经在中国土地上完成了从野生植物到人工栽培作物的驯化，此后大豆、纤维类大麻、油用大麻、白菜……陆续纳入农作物的行列。

#### 1. 稻——世界第一大作物

水稻是我国古代最重要的粮食作物之一，中国是亚洲水稻的原产地之一。在所有考古发现的农作物中，以稻谷遗存为最多。仅是新石器时代的稻谷遗存，目前就发现130多处，分布江苏、浙江、上海、安徽、江西、湖南、湖北、福建、广东、云南、山东、河南、陕西等省（自治区、直辖市）。其中年代最早的是江西万年仙人洞和吊桶环遗址，在属于新石器时代早期距今14000—9000年的土层发现了类似栽培水稻的植硅体，为探索稻作农业的起源提供了重要线索。湖南道县玉蟾岩遗址发现了距今10000多年的水稻谷壳实物，是我国迄今为止发现的最早的古栽培稻实物，可见我国对于水稻的栽培可追溯到距今10000年以上。

魏晋以前中国粮食生产一般是北粟（麦）南稻，全国的经济重心一直在北方。但随着南方开发加速，人口持续增长，北宋元丰三年（公元1080年），南方人口达5600余万，已占到全国总人口的69%。这一重要变化与南方稻作生产的发展有着十分密切的关系。唐、宋以后，南方发展成为全国稻米的供应基地。唐代韩愈称“赋出天下，江南居十九”，民间也有“苏湖熟，天下足”和“湖广熟，天下足”的说法。据《天工开物》估计，明末时的粮食供应，大米约占70%。

据研究，中国稻作技术陆续传往世界各地的时间状况分别是：4000年前，传至菲律宾、泰国等东南亚国家和地区；距今3600年传至印度；3400—2800年前，传播至波利尼西亚、印度尼西亚岛屿；约2300年前，传入日本、朝鲜和尼罗河平原；约1200多年前，越太平洋往东，至复活节岛；距今约500年，向西，越印度洋，到达马达加斯加。今天，稻米已成为全球30多个国家的主食，世界上有一半以上的人

图 2-4　河姆渡遗址稻谷堆积层

图 2-5　袁隆平（1930. 9. 7—2021. 5. 22）——中国“杂交水稻之父”

口以稻米为主食。仅在亚洲，就有 20 亿人从大米及大米产品中摄取 60%～70%的热量和 20%的蛋白质。

**2. 养蚕缫丝——“丝绸的祖国”**

中国是世界上最早发明养蚕缫丝的国家。据考古材料，距今 5000 年以前，中国原始居民就已经掌握了养蚕缫丝的技术。

在中西文化交流史上，丝绸起了最初的、极其重要的作用，西方人正是通过色彩鲜艳的丝绸认识了东方的文明古国——中国。自从西汉张骞出使西域以后，中国的丝绸便通过“丝绸之路”传播到西域诸国。学术界普遍认为，“丝绸之路”主要有两条，一条是从长安到罗马的“陆上丝绸之路”，另一条是从中国沿海到非洲东南一带的“海上丝绸之路”。这两条丝绸之路在1000多年的时间里，把沿线各个国家联结起来，彼此间开展了频繁的经济、文化交流，丰富了各国的物质文化生活，促进了社会的发展。

“男耕女织”“农桑并举”成为中国古代农业的特点，蚕丝业成为中国古代社会经济不可缺少的重要组成部分。唐天宝年间，朝廷收受绢帛数占全国赋税总收入的1/3左右。宋、元以后，南方蚕丝业迅速发展，太湖流域已是全国主要的商品蚕丝产区，康熙时《蚕赋》中称“天下丝缕之供，皆在东南，而蚕桑之盛，惟此一区”。“公私仰给，惟蚕丝是赖”，丝绸生产和贸易成为政府一大财源。自张骞出使西域，中国和中亚及欧洲的商业往来日渐密切。中国的丝制品源源不断地运向中亚和欧洲。

**图 2-6　养蚕缫丝**

2200年前，中国蚕种和养蚕技术向北传入朝鲜，向东传至日本，1600年前，向南传入越南、缅甸、泰国等地。波斯在5~6世纪间从中国学到养蚕技术。7世纪时，养蚕方法传到阿拉伯和埃及，以后传遍地中海沿岸的国家，8世纪传到西班牙。19世纪中期以前，中国生丝对欧洲出口长期占据整个西方市场的生丝出口的70%以上。

今天，世界已有约40个国家和地区有蚕丝生产，最重要的有中国、印度、乌兹别克斯坦、巴西和泰国。中国仍然是世界最大的蚕丝生产国，年产量占世界总产的70%以上。

**3. 茶——“万灵长生剂”**

茶，是中华民族的国饮，如今已成风靡世界的三大饮料之一。中国是茶树的原产地，茶树最早出现于我国西南部的云贵高原、西双版纳地区。公元前200年左右的《尔雅》中就提到有野生大茶树，而且还有“茶树王”。

在中国历史上，茶一度与粮食占有同等重要的位置。为达到“以茶治边”的目

图 2-7　英国贵族饮茶场景

的，官府不仅控制茶叶的供应，而且以茶交换战马，这就是历史上的“茶马互市”。清末，中国出产茶叶的省区多达 16 个，种植面积为 1500 多万亩，占世界茶园面积的 44%。中国茶的对外传播也分为陆路和海路 2 条：陆路是沿丝绸之路向中亚、西亚、北亚、东欧传播；海路是向阿拉伯、西欧、北欧传播。元明时期，传教士将中国的茶介绍到欧洲。《利玛窦中国札记》对中国的饮茶习俗有详细的记载。1517 年，葡萄牙海员从中国带去茶叶，饮茶开始在欧洲传播。

1662 年，酷爱饮茶的葡萄牙凯瑟琳公主嫁与英国查尔斯二世。她的倡导和推动使饮茶之风在朝廷和王公贵族间盛行。因英国人重视早餐和晚餐，轻视午餐。由于早晚两餐之间时间长，使人有疲惫饥饿之感。18 世纪时，英国公爵斐德福夫人安娜，就在下午 5 时左右请大家品茗用点以提神充饥，深得赞许。久而久之，“下午茶”渐成风气，延续至今。

最初，茶为王公贵族享用的奢侈品，但随着茶叶贸易量增加，价格下降，逐渐成为大众饮品。80%的英国人每天饮茶，茶叶消费量约占各种饮料总消费量的一半，因此，英国茶的进口量长期遥居世界第一。

今天，五大洲已有 60 个国家生产茶叶，约 30 亿人饮茶。直到今天，中国茶叶产量仍占世界总产的 1/3，出口 120 多个国家和地区。

可以说，中国给了世界茶的名字、知识和栽培加工技术，世界各国的茶叶大多与中国茶有者千丝万缕的联系。

**4. 大豆——“豆中之王”**

所有植物性食物中，只有大豆蛋白可以和肉、鱼等动物性食物中的蛋白质相媲美，被称为“优质蛋白”。

我国是大豆的故乡，大豆在我国已有 4000 年的驯化栽培的历史。全世界的大豆共有 9 个种，分布于亚洲、澳洲及非洲，其中中国的野生大豆被公认是栽培大豆的祖先种。

由于大豆保存不易，因此考古发掘中发现较少。目前几处较早的发现地点有黑龙江省宁安市大牡丹屯遗址、牛场遗址和吉林省永吉县乌拉街遗址，经鉴定距今 3000 年左右。现今世界各国的大豆都是直接或间接从中国传去的，他们对大豆的称呼，几乎都保留我国大豆古名——“菽”的语音。

大豆向外的传播时间和路径大致如下：2500 年前，中国大豆传入朝鲜；2000 年前，传入日本；1300 年前，传入印支国家；300 年前，传入菲律宾、印度尼西亚、马来西亚；1739 年，传入法国，随后在欧洲各国开始种植；1898 年，俄国人从我国东北带走大豆种子，在俄国中部和北部推广；20 世纪，大豆扩展到非洲。自此，中国的大豆名闻四海，传播四方。目前世界上种植大豆已遍及世界 50 多个国家和地区。至 1936 年，中国大豆产量仍占世界总产量的 91.2%。美国大豆是 1765 年才由曾受雇于东印度公司的水手带入美国种植的。但目前美国已经成为世界最大的大豆生产国。现在，中国每年花数十亿美元从国外进口大豆。2010 年，中国大豆进口 5480 万吨，约占全球大豆出口的 60%。

豆腐的发明，是大豆利用中的一次革命性的变革，是我国古代对食品的一大贡献。我国的制豆腐技术从唐代开始外传，首先传到的国家是我国的东邻国日本。日本人认为制豆腐的技术是鉴真大师从中国带到日本的，所以至今他们仍将鉴真大师奉为日本豆腐业的始祖，并称豆腐为“唐符”和“唐布”。我国的豆腐技术大约在 20 世纪初传到欧美，生产豆腐、豆乳酱、豆芽菜等豆制品，被称为“20 世纪全世界之大工艺”。古老的中国豆腐，便成了世界性食品。

图 2-8　我国古代制作豆腐流程图

## （三）中国农业对世界的影响

### 1. 农业动植物种质资源重要起源地

随着现代遗传、育种科学的进展，对栽培植物、杂草和野生亲缘的研究不断深入，有关农业起源中心的论说日益发展，中外很多学者从不同角度作出论述，皆以中国为世界栽培作物的重要起源中心之一。

稻、豆、茶之外，中国也是黍、粟、桃、李、杏等许多其他动植物的起源地。瓦维洛夫（1935）认为，世界有 8 大作物起源中心，中国为最重要作物起源中心。世界最重要的 640 种作物中，有 136 种起源于中国，约占世界总数的 1/5。

中国在长期的农业生产过程中培育了丰富的作物品种。清代《授时通考》（公元 1742 年）就记录了当时全国 16 省水稻良种 3429 个，谷子良种 251 个，小麦良种 30 余个，大麦良种 10 余个。今天中国的水稻品种则接近 4 万个。

中国的农作物及其他动植物资源源源不断地传至世界各地。仅英国爱丁堡皇家植物园就有由中国引种的植物 1500 余种，并以其为亲本培育出了多种植物。中国农业科学院的研究也表明：世界上 1200 种作物中，中国就有 600 余种，其中约 300 种起源于中国。

过去的 50 年，中国已完成 36 万份作物种质资源的编目并建立了国家种质资源库。这些种质资源已提供育种和生产利用 5 万份次，3389 份得到有效利用。成为中国农业创新和可持续发展的重要资源。

### 2. 丰富的古农书与农业知识

我国古代劳动人民在漫长的农业实践中，创造并积累了异常丰富的生产经验，这些经验世代相传，经过农学家总结提高，著有种类繁多的农书。这些来自生产实践的农书，不仅指导我国历代农业生产的发展，在世界农业发展史上也占有重要地位，对各国农业生产和农业科学的发展产生了深远影响，受到各国农史界的极大关注。

其中最具代表性的《齐民要术》，北魏农学家贾思勰所著，是中国和世界上现存最早最完整的农业百科全书，约成书于公元533—544年之间，总结了1400年前中国北方黄河流域的农业生产经验和成就。日本宽平年间（公元889—907年）藤原佐世编的《日本国见在书目》中已有《齐民要术》，说明该书在唐代已传入日本。现存最早的刻本是北宋天圣年间（公元1023—1031年）皇家藏书处的崇文院本，就是在日本京都以收藏古籍著称的高山寺发现的，此本仅存第5、第8两卷，上面多处盖有“高山寺”的印记。这个高山寺本是“宋本中之冠”，被日本当做“国宝”，珍藏在京都博物馆中。《齐民要术》在日本还以日本人自己的手抄本的形式流传，名古屋市蓬左文库收藏的根据北宋本过录的金泽文库本（缺第3卷），写于南宋咸淳十年（公元1274年），是现存最早的抄本。

图2-9 《天工开物》图谱（节选）

至19世纪末，《齐民要术》传到欧洲，英国学者达尔文（公元1809—1882年）在其名著《物种起源》和《动物和植物在家养下的变异》中就参阅过这部“中国古代百科全书”，并援引有关事例作为他的著名学说———进化论的佐证。

明末徐光启所著《农政全书》60卷，分12门，涉及农业各个方面，是一部农业百科全书，在国际上很有声誉。该书于公元1639年刊印后，不久传到日本，江户时代农学家宫崎安贞依照《农政全书》的体系、格局，于元禄十年（公元1697年）编著《农业全书》10卷。此书对日本后世农业的影响很大，被称为“人世间一日不可或缺之书”。日本学者熊代幸雄指出，徐光启的《农政全书》堪称是中国农书的“决定版”，它给日本宫崎安贞《农业全书》以强烈影响，后者甚至可以看成是《农政全书》“精炼化的日本版”。《农政全书》通过直接或间接地对日本近世农书的影响，在日本当时得到了广泛地普及和传播，并对推动当时整个日本农业技术发展，农业生产力的提高，起了非常大的作用。

欧洲近代“重农学派”的代表人物魁奈和杜尔哥就深受中国重农思想的影响。1756年，魁奈甚至促使法国国王路易十五模仿中国古代皇帝，举行了“籍田大礼”。他在宣扬重农思想时大量引用中国的典籍，认为“重农主义，最有利于人类的管理的自然体系”。

**3. 高效的农业技术体系**

犁的应用是传统农业阶段的一个重要成就。据研究，全世界共有6种犁：地中海勾辕犁、日耳曼方型犁、俄罗斯对犁、印度犁、马来犁及中国框形犁。中国框形犁与其他5种类型相比，有两个突出的特点：一是富于摆动性，即操作时犁身可以摆动，这样耕犁不仅机动性强，便于调节耕深、耕幅，而且也轻巧柔便利于回旋周转，适合于在细小的地块上耕作；二是最迟到了公元1世纪前后的汉代就已采用了铁制的曲面犁壁，有了犁壁不仅能够更好的碎土，还可作垡起垄，进行条播，有利于田间操作及管理。唐代时，为了适应南方水田耕作的需要，犁辕做了改进，由长变短，由直变曲，当时称之为曲辕犁（由于曲辕犁主要流行于长江下游，当时称为江东，因此曲辕犁又称江东犁）。

中国框形犁是世界上最发达的传统犁之一。西方近代犁吸收了中国犁的特点，成为近代农业革命的契机。

对于我国的传统框形犁，国外的学者曾给予了高度的评价。研究世界耕犁历史的权威雷塞在《犁的形成与分布》中认为：“构成近代犁的特征部位，就是具有和犁铧结合在一起的呈曲面状的铁制犁壁。它是古代东亚所发明的，并在18世纪传入欧洲。与此同时传入的还有耧车、扇车、碌碡、辊子等，这些农具在不同程度上影响了三圃制农法的废除。”

再如耧车，据《汉书·食货志》记载，为汉武帝时赵过所创，距今已有2000多年的历史了。耧车的发明和中国古代的犁一样，对世界有深远的影响。韩国农业史学者闵成基在《东亚古老条播农具：耕犁之研究———中国与朝鲜农业技术的比较》一文中指出，欧洲农学家普遍认为，欧洲在18世纪从亚洲引进了曲面犁壁、畜力播种和中耕的农具“耧犁”以后，改变了中世纪的二圃、三圃休闲地耕作制度，乃是近代欧洲农业革命的起点。

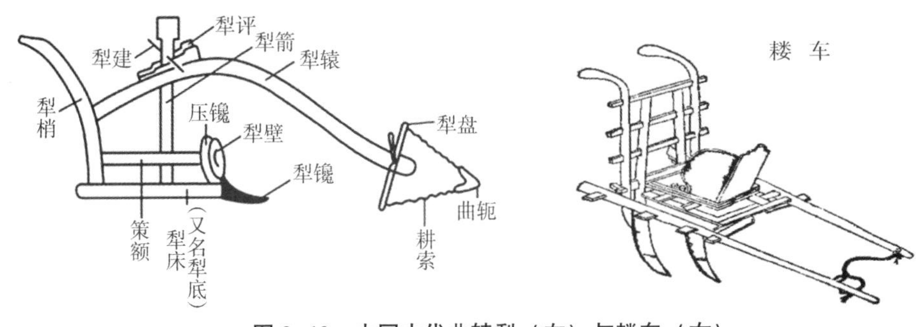


**图 2-10　中国古代曲辕犁（左）与耧车（右）**

近代以后向西方传播，经威尼斯—南奥地利—西班牙和法国传入英国，后经J·塔尔改进成为通行于 18 世纪欧洲的畜力条播机。随着工业的发展，科技的进步，进而创造了现代化的播种机。播种机使用拖拉机作动力，播幅为 12 行或 24 行，播种效率比耧车大大提高了，它的开沟装置设计更加精巧，能适应各种耕作方法和土壤条件的需要。它的排种装置靠机械操纵，播种更加均匀。法兰西学院的斯坦尼斯拉斯·茹莲（1799—1873）曾经将多种中国农书译成法文，尤其是养蚕方面的技术，他翻译的《蚕桑辑要》广为流行，并被译成英、德、意、俄等多种文字，对西欧近代蚕桑业的发展起到了积极的推动作用。

**4. 可持续发展的理念与经验**

农业生产是一个自然再生产和经济再生产紧密结合的活动，中国农民自古就将天、地、人视为不可分割的整体，这就是天时、地利、人和为核心的“三才”理论。

在这样的理论的指导下中国农民因地制宜发展出了多种行之有效的农业生产模式。明清时期，太湖地区和珠江三角洲已经出现了生态农业的雏形。太湖地区既是湖羊的主产区，又是全国蚕桑业的重心所在，采用粮、畜、桑、蚕、鱼相结合的办法。据《沈氏农书》和《补农书》记述，以农副产品喂猪，以猪粪肥田；或者以桑叶饲羊，以羊粪壅桑；或者以鱼养桑，以桑养蚕，以蚕养鱼，桑蚕鱼相结合。这样不仅使当地的农业生产结构得以优化，促进了多种经营的积极开展，也有利于生态循环趋向平衡。

珠江三角洲地区的桑基鱼塘在明代中后期出现，又发展出果基鱼塘、菜基鱼塘、稻基鱼塘、蔗基鱼塘、花基鱼塘等多种形式并存的基塘生态。因此，珠江三角洲的基塘生态是一种较新型的农、牧、渔、副相结合的生态系统。桑基鱼塘这一土地利用形式，这种耕作制度可以容纳大量的劳动力，有效地保护生态环境。

中国农业的优良传统受到西方学者的高度推崇。德国农业化学创始人李比希认为中国对有机肥的利用是无与伦比的创造，他将中国农业视为“合理农业的典范”。美国在西部开发的过程中，因一味地向土地掠夺，肥沃的大平原在不到 100 年的时间中即出现了严重地力衰竭的现象，并在 20 世纪频频发生铺天盖地的“尘暴”。

为应对严重土壤退化问题，20 世纪初，美国国家土壤局局长富兰克林·金专程来中国考察农业。他感到惊奇的是中国农民用1英亩土地养活了一家人，而同样地块在当时的美国只能养活1只鸡。更重要的是，中国的土地连续耕种了几千年不仅没有出现土壤退化的现象，反而越种越肥沃。他撰写《四千年农夫》一书，总结了中国农业以豆科作物为核心的合理轮作和使用有机肥的8种农法，希望西方农业学习和借鉴。直到今天，西方生态农业和可持续发展的理论与实践中都非常重视吸取中国传统农业的思想和经验。美国小麦育种学家、诺贝尔奖获得者布劳格认为中国长期推行的间作套种和多熟种植是世界惊人的变革。另一美国学者维得·瓦尔特罗列了值得美国学习的15项中国农业技术，其中11项属于中国传统农业。

## 三、工业文明

### （一）工业文明及其成就

工业文明是指工业社会文明，亦即未来学家托夫勒所言的第二次浪潮文明，它贯穿着劳动方式最优化、劳动分工精细化、劳动节奏同步化、劳动组织集中化、生产规模化和经济集权化等六大基本原则。工业文明是以工业化为重要标志、机械化大生产占主导地位的一种现代社会文明状态。其主要特点大致表现为工业化、城市化、法制化与民主化、社会阶层流动性增强、教育普及、消息传递加速、非农业人口比例大幅度增长、经济持续增长等。

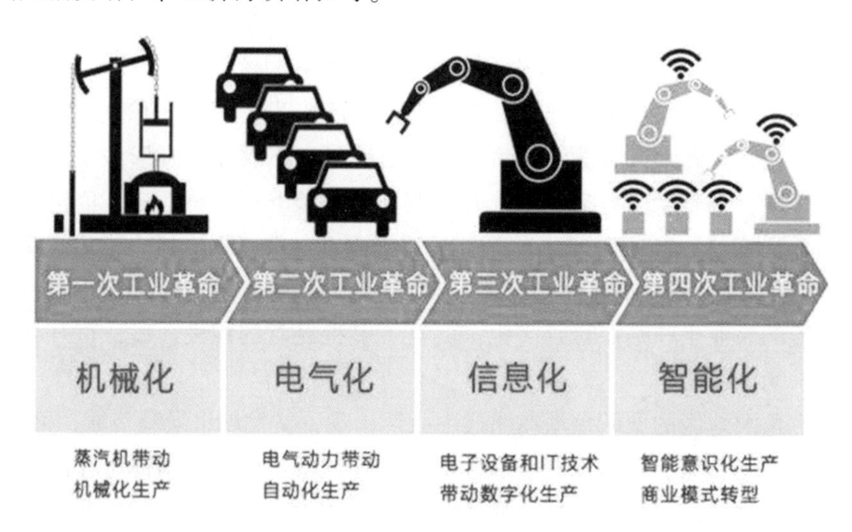


图2-11　人类历史上的四次工业革命

有学者把工业文明分为5个阶段：16世纪初到18世纪工业革命前，工业文明首先在西欧兴起；工业革命开始以后到19世纪末，人类真正进入工业社会，同时工业文明从西欧扩散到全球；20世纪上半叶，工业文明全面到来，社会出现了巨大的震荡，也进行了调整和探索；第二次世界大战后到70年代初，人类吸取了上一阶段的经验教训，工业文明顺利推进；20 世纪 70 年代以来，工业文明深入发展。

18 世纪中叶，英国人瓦特改良蒸汽机之后，由一系列技术革命引起了从手工劳动向动力机器生产转变的重大飞跃。继英国之后，法、美等国也在 19 世纪中期完成工业革命。它极大地促进了社会生产力的发展，巩固了新兴的资本主义制度，引起了社会结构和东西方关系的变化，对世界历史进程产生了重大影响。这不仅是一次技术改革，更是一场深刻的社会变革，推动了经济领域、政治领域、思想领域、世界市场等诸多方面的变革。

19 世纪，随着资本主义经济的发展，自然科学研究取得重大进展，1870 年以后，由此产生的各种新技术、新发明层出不穷，并被应用于各种工业生产领域，促进经济的进一步发展，第二次工业革命蓬勃兴起，人类进入了电气时代。在这一时期，一些发达资本主义国家的工业总产值超过了农业总产值；工业重心由轻纺工业转为重工业，出现了电气、化学、石油等新兴工业部门。由于 19 世纪 70 年代以后发电机、电动机相继发明，远距离输电技术的出现，电气工业迅速发展起来，电力在生产和生活中得到广泛的运用。从 19 世纪 80 年代起，人们开始从煤炭中提炼氨、苯、人造燃料等化学产品，塑料、绝缘物质、人造纤维、无烟火药等也相继发明并投入生产和使用。原有的工业部门如冶金、造船、机器制造以及交通运输、电讯等部门的技术革新加速进行。

第三次科技革命是人类文明史上继蒸汽技术革命和电力技术革命之后科技领域里的又一次重大飞跃。以原子能、电子计算机、空间技术和生物工程的发明和应用为主要标志，涉及信息技术、新能源技术、新材料技术、生物技术、空间技术和海洋技术等诸多领域的一场信息控制技术革命。第三次科技革命不仅极大地推动了人类社会经济、政治、文化领域的变革，而且也影响了人类生活方式和思维方式，随着科技的不断进步，人类的衣、食、住、行、用等日常生活的各个方面也在发生了重大的变革。

第四次工业革命，是以互联网产业化、工业智能化、工业一体化为代表，以人工智能、清洁能源、无人控制技术、量子信息技术、虚拟现实为主的全新技术革命。这是一场全新的绿色工业革命，它的实质和特征，就是大幅度地提高资源生产率，经济增长与不可再生资源要素全面脱钩，与二氧化碳等温室气体排放脱钩。以历史视角观察，用工业化的角度观察，使我们清晰地认识到，世界第四次工业革命，即绿色革命已经来临。

工业革命是人类社会的巨大飞跃，它所建立起来的工业文明，终结了延续几千年的传统农业文明，使资本主义生产方式战胜了封建生产方式。它不仅从根本上促进了社会的生产力，创造出巨量的物质财富，而且也贡献出无与伦比的精神财富。譬如科技方面的急剧进步、经济社会结构的深刻变革、人的生存方式等都发生了极大的变化。

## 二、工业革命中出现的环境问题

### （一）18世纪末—20世纪初环境污染的发生

蒸汽机的使用需要以煤炭作为燃料，因此，随着工业革命的推进，地下蕴藏的煤炭资源便有了空前的价值，煤成为工业化初期的主要能源。新的煤矿到处开办，煤炭产量大幅度上升，到1900年时，世界先进国家英、美、德、法、日五国煤炭产量总和已达6.641亿吨。煤的大规模开采并燃用，在提供动力以推动工厂的开办和蒸汽机的运转，并方便人们的日常生活时，也必然会释放大量的烟尘、二氧化硫、二氧化碳、一氧化碳和其他有害的污染物质。

与此同时，在一些工业先进国家，矿冶工业的发展既排出大量的二氧化硫，又释放许多重金属，如铅、锌、镉、铜、砷等，污染了大气、土壤和水域。而这一时期化学工业的迅速发展，构成了环境污染的又一重要来源。另外，水泥工业的粉尘与造纸工业的废液。也会对大气和水体造成污染。结果，在这些国家，伴随煤炭、冶金、化学等重工业的建立、发展以及城市化的推进，出现了烟雾腾腾的城镇，发生了烟雾中毒事件，河流等水体也严重受害。

譬如，1892年，德国汉堡因水污染而致霍乱流行，使7500余人丧生。在明治时期的日本，因开采铜矿所排出的毒屑、毒水，危害了农田、森林，并酿成田园荒芜、几十万人流离失所的足尾事件。

尽管如此，这一时期的环境污染尚处于初发阶段，污染源相对较少，污染范围不广，污染事件只是局部性的，或某些国家的事情。

### （二）20世纪20—40年代环境污染的发展

随着工业化的扩展和科学技术的进步，西方国家煤的产量和消耗量逐年上升。据估算，在20世纪40年代初期，世界范围内工业生产和家庭燃烧所释放的二氧化硫每年高达几千万吨，其中2/3是由燃煤产生的，因而煤烟和二氧化硫的污染程度和范围较之前一时期有了进一步的发展，由此酿成多起严重的燃煤大气污染公害事件。如比利时的马斯河谷事件和美国的多诺拉事件。

在19世纪30年代前后，以内燃机为动力机的汽车、拖拉机和机车等在世界先进国家普遍地发展起来。1929年，美国汽车的年产量为500万辆，英、法、德等国的年产量也都接近20万~30万辆。由于内燃机的燃料已由煤气过渡到石油制成品——汽油和柴油，石油便在人类所用能源构成中的比重大幅度上升。开采和加工石油不仅刺激了石油炼制工业的发展，而且导致石油化工的兴起。然而，石油的应用却给环境带来了新的污染。

此外，自20世纪20年代以来，随着以石油和天然气为主要原料的有机化学工业的发展，西方国家不仅合成了橡胶、塑料和纤维三大高分子合成材料，还生产了多种多样的有机化学制品，如合成洗涤剂、合成油脂、有机农药、食品与饲料添加剂等。就在有机化学工业为人类带来琳琅满目和方便耐用的产品时，它对环境的破坏也渐渐地发生，久而久之便构成对环境的有机毒害和污染。

显然，到这一阶段，在旧有污染范围扩大、危害程度加重的情况下，随着汽车工业和石油与有机化工的发展，污染源增加，新的更为复杂的污染形式出现，因而公害事故增多，公害病患者和死亡人数扩大，人们称之为“公害发展期”。这体现出西方国家环境污染危机愈加明显和深重。

### 三、20 世纪 50—70 年代环境污染的大爆发

20 世纪 50 年代起，世界经济由战后恢复转入发展时期。西方大国竞相发展经济，工业化和城市化进程加快，经济高速持续增长。在这种增长的背后，却隐藏着破坏和污染环境的巨大危机。因为工业化与城市化的推进，一方面带来了资源和原料的大量需求和消耗，另一方面使得工业生产和城市生活的大量废弃物排向土壤、河流和大气之中，最终造成环境污染的大爆发，使世界环境污染危机进一步加重。

这一时期，发达国家的环境污染公害事件层出不穷。如因工业生产将大量化学物质排入水体而造成的水体污染事件，最典型的是 1953—1965 年日本水俣病事件；因煤和石油燃烧排放的污染物而造成的大气污染事件，如 1952 年 12 月 5~8 日的伦敦烟雾事件，即著名的“烟雾杀手”，导致 4000 多人死亡；因工业废水、废渣排入土壤而造成的土壤污染事件，如 1955—1972 年日本富山县神通川流域因食用含镉稻米以及饮用含镉水后患骨痛病事件等。

**表 2-1　20 世纪著名的八大环境公害事件**

| 名称 | 地点 | 时间 | 危害情况 |
| --- | --- | --- | --- |
| 马斯河谷烟雾事件 | 比利时 | 1930 年 12 月 | 几千人发病，60 人死亡 |
| 多诺拉烟雾事件 | 美国 | 1948 年 10 月 | 6000 人患病，17 人死亡 |
| 伦敦烟雾事件 | 英国 | 1952 年 12 月 | 5 天内 4000 人死亡 |
| 洛杉矶光化学烟雾 | 美国 | 1940—1960 年 | 引起眼病，喉头炎，头痛 |
| 水俣病事件 | 日本 | 1956 年 | 痴呆，精神失常，死亡 |
| 富山骨痛病事件 | 日本 | 1931 始 | 关节痛，骨骼软化萎缩，痛死 |
| 四日市哮喘病事件 | 日本 | 1970 年 | 哮喘，肺气肿，10 多 人死亡 |
| 米糠油事件 | 日本 | 1968 年 | 5000 多人患病，16 人死亡 |

另外，在沿岸海域发生的海洋污染和海洋生态被破坏，成为海洋环境面临的最重大问题。靠近工业发达地区的海域，尤其是波罗的海、地中海北部、美国东北部沿岸海域和日本的濑户内海等受污染最为严重。

两种新污染源——放射性污染和有机氯化物污染的出现，不仅加重了已有的环境污染危机的程度，而且使环境污染危机向着更加复杂而多样化的方向转化。

总之，到这时，环境污染已成为西方国家一个重大的社会问题，公害事故频繁发生，公害病患者和死亡人数大幅度上升，被称为“公害泛滥期”。此外，海洋污染越来越严重，况且又增添了放射性和有机氯化物两类新污染源。这一切足以表明，在20世纪60—70年代，当西方国家经济和物质文化空前繁荣之时，对大自然的污染和破坏却不断加深，人们实则生活在一个缺乏安全、危机四伏的环境之中。

## 四、生态文明

### （一）生态文明：历史发展的必然选择

从人类文明的发展历程来看，生态文明是继农业文明、工业文明之后必然产生的更高程度的文明形态，是人类对传统文明形态特别是工业文明在文明形态、发展状态、道路和模式等方面进行深刻反思的成果，是人类文明发展到一定阶段的必然产物。由工业文明迈向生态文明是历史发展的必然选择。从工业文明向生态文明的观念转变是近代科学机械论自然观向现代科学有机论自然观的根本范式转变，也是传统工业文明发展观向现代生态文明发展观的深刻变革。建设这种新的文明，要求人类通过积极的科学实践活动，充分发挥自己的以理性为主的调节控制能力，预见自身活动所必然带来的近的和远的自然影响和社会影响，随时对自身行为作出控制和调节。

### （二）生态文明的含义

生态文明的含义通常可以从广义和狭义两个角度来理解。

从广义角度看，生态文明是指人们在改造物质世界，积极改善和优化人与自然、人与人、人与社会关系，建设人类社会生态运行机制和良好生态环境的过程中，所取得的物质、精神、制度等方面成果的总和。这是实现人类社会可持续发展所必然要求的社会进步状态，是人类社会继工业文明之后出现的一种新型文明形态，是人类文明发展的新阶段。它涵盖了全部人与人、人与社会和人与自然关系以及人与社会和谐、人与自然和谐的全部内容。

从狭义角度看，生态文明是与物质文明、精神文明和政治文明相并列的文明形式，重点在于协调人与自然的关系，强调人类在处理与自然关系时所达到的文明程度，核心是实现人与自然和谐相处、协调发展。在与物质文明、精神文明、政治文明共同构成的现代文明体系中，生态文明更具有基础性和普遍性。

生态文明作为一种独立的文明形态，是在人类历史发展过程中形成人与自然、人与社会环境和谐统一、可持续发展的一切成果的总和，具有丰富内涵的理论体系。它不仅说明人类应该用更为文明而非野蛮的方式来对待大自然，而且在生产方式、生活方式、社会结构等各方面都体现出一种人与自然和谐关系的崭新视角。在生产方式上，它追求的不再是以传统国内生产总值为核心的单纯的经济增长，而是经济社会与环境的协调发展；在生活方式上，它反对过度消费，倡导人类通过建立合理的社会消费结构、克服异化消费，追求一种既满足自身需要又不损害自然生态的生活，而非以往对简单需求的满足和物质财富的过度享受。

### （三）生态文明的要求

生态文明建设以人与自然、人与人、人与社会的和谐共生、良性循环、全面发展、持续繁荣为基本宗旨，以建立可持续的经济发展模式、健康合理的消费模式及和睦和谐的人际关系为主要内涵，倡导人类在遵循人、自然、社会和谐发展这一客观规律的基础上追求物质与精神财富的创造和积累，注重人与自然协调发展和生态环境建设，科学地揭示了生产力的发展是自然生产与社会生产的相互作用、人与自然共同进化的成就。它的提出和实施，是人类对长期以来发展模式反思的结果，是对传统生产观的重大革命，是人类文明理念的一次创新。

生态文明不仅要求对以往所形成的狭隘的生产方式进行变革，丰富、扩大和深化社会生产的内容、范围和层次，建立一种全新的生态化生产方式，实现经济、社会、自然环境的可持续发展，还要求深入人类文明尤其是工业文明的传统哲学，对支撑这一生产方式的以征服自然为目标的文化理念和意识形态进行深刻反思，从根本上改变以往所形成的狭隘自然观，建立一种不仅承认自然界的地位和价值，而且把世界看作一个“社会—经济—生态—自然”复合系统的全新“大自然观”，并按照“以人为本”的发展观、不侵害后代人生存发展权的道德观以及人与自然平等、和谐相处的价值观，在思想观念上培养和谐相处理念，在生产方式上培养可持续发展理念，在生活方式上树立适度消费的观念，使社会在意识形态、思维方式、科学教育、文学艺术、宗教信仰、人文关怀等方面都发生根本性的变化。

建设生态文明不仅是一场生产和生活方式的革命，更是一场集人的思维方式、价值观念、消费观念于一身的人类文化价值和文化战略的深刻革命。在生态文明时代，人们将超越工业文明时代那种认为保护环境只是一种权宜之计的肤浅的观点，把维护地球的生态平衡视为实现人的价值和主体性的重要方式，人类在自然面前将保持一种理智的谦卑。人们不再寻求对自然的控制，而是力图与自然和谐相处。科学技术不再是征服自然的工具，而是维护人与自然和谐的助手。人对物质产品的追求和消费将不仅以其价值和使用价值为衡量标准，还要考虑物质产品的生产和消费是否符合生态保护，是否有利于自然资源的合理利用。

## 第二节　我国生态文明建设的发展历程

我国生态文明建设从探索到明确提出再到逐步完善发展，从以人为本的科学发展观到建设美丽中国，体现了我党对生态文明建设不懈的理论创新和艰辛的实践探索。中国共产党积极倡导并领导各族人民全力推进的生态文明建设，不仅是中国特色社会主义的重要组成部分，而且是一种崭新的建设理念和建设方式，要以促进生态文明的方式全面推进中华民族伟大复兴的中国梦的实现。

### 一、改革开放40多年中国生态文明建设的认知历程

改革开放以来，党在领导中国特色社会主义现代化建设的过程中，立足于基本国情与国际环境，积极应对时代发展的新要求，继承和发展了马克思主义生态文明理论、批判吸收中国传统文化中的生态智慧，借鉴参考国外生态环保理论的有益成果，深入开展生态文明建设实践，明确提出并详细阐述生态文明建设思想，逐渐形成中国特色生态文明建设理论。按照党中央领导集体不同时期的侧重方向和发展特点，中国特色社会主义生态文明建设发展历程大致经历了探索起步时期、基本形成时期、走向成熟时期和不断完善时期等4个历史阶段。

#### （一）探索起步时期（20世纪70—90年代初期）

**1. 环境保护意识的觉醒**

20世纪70年代，我国环保意识开始觉醒，这种觉醒首先表现在中国政府出席了1972年6月联合国在瑞典首都斯德哥尔摩召开的首届人类环境会议，会议通过了《人类环境宣言》，提出了“人类只有一个地球”的口号，号召世界各国政府和人民为维护与改善环境、造福全人类、造福子孙后代而共同努力，它标志着全世界对环境问题的认识已达成共识，人类已开始了在世界范围内探讨环境保护和改变发展战略的进程。此后1973年8月我国召开了第一次全国环境保护会议，会议通过了《关于保护和改善环境的若干规定》，确定了“全面规划、合理布局、综合利用、化害为利、依靠群众、大家动手、保护环境、造福人民”的32字方针，这是我国第一个关于环境保护的战略方针。该会议推动了中国环境保护工作的开展，迈出了中国环境保护事业关键性的一步。

**2. 环境保护进入立法阶段**

1978年召开的党的十一届三中全会，实现了党和国家的工作重心转移到经济建设上，作出改革开放的伟大决策，开启了建设中国特色社会主义历史新时期。与此同时，我国的环境保护工作逐步开展，最重要举措，就是使环境保护步入了法制化进程。1978年，第一次在《中华人民共和国宪法》中提出保护环境和自然资源、防

治污染等内容，环境保护正式入宪。1978 年十一届三中全会主题报告中，将包括“森林法、草原法、环境保护法”等在内的各项法律提上了制定日程。1983 年，第二次全国环境保护会议召开。1989 年 12 月，七届全国人大 11 次会议正式通过了《中华人民共和国环境保护法》，这是我国第一部环境保护的基本法律，对中国环境保护作出了详细的、全面的规定。我国环境保护步入正常的法制化轨道，以环境保护法为基础，我国先后颁布了多部环境保护实体法律。目前，中国有关环境保护的法律法规多达 100 多部。

### （二）基本形成时期（20 世纪 90 年代—21 世纪初期）

20 世纪的 90 年代，全球性的生态环境问题日趋严重，如何解决生态危机成为世界各国共同关注的主题。1992 年 6 月联合国环境与发展大会在巴西里约热内卢召开，大会通过了《里约环境与发展宣言》和《21 世纪议程》两个纲领性文件，提出了“可持续发展”的新战略和新观念。中国政府积极参与了该大会各项工作，会后不久中国发布了《中国环境与发展十大对策》，明确提出可持续发展原则。1994 年，中国政府批准《中国 21 世纪议程》和《中国环境保护行动计划》，从人口、环境与发展的具体国情出发，确立了中国 21 世纪可持续发展的总体战略框架和各个领域的主要目标及行动方案。

1992 年 10 月召开的党的十四大，首次全面深入地分析了控制人口与加强环境保护这两者之间的重要关系，把加强环境保护列为改革开放和现代化建设的任务之一，强调可持续发展战略思想对于我国发展的重要性。1996 年 3 月，八届人大四次会议审议通过“九五”计划和 2010 年远景目标纲要，明确把转变经济增长方式和实施可持续发展作为现代化建设的一项重要战略。

1997 年 6 月，国务院召开第四次全国环境保护会议，提出保护环境是实施可持续发展战略的关键，保护环境就是保护生产力。国务院做出了《关于环境保护若干问题的决定》，明确了跨世纪环境保护工作的目标、任务和措施。1997 年 9 月，江泽民同志在党的十五大报告中明确提出科教兴国战略和可持续发展战略，深刻地分析了可持续发展战略对我国未来发展的重要意义。2000 年 11 月，国务院印发了《全国生态环境保护纲要》，明确提出全国生态环境保护的指导思想、基本原则与目标、主要内容与要求。2002 年 3 月国务院印发《全国生态环境保护“十五”计划》详细部署了“十五”期间的环境保护工作。

2002 年 11 月党的十六大明确指出：“可持续发展能力不断增强，生态环境得到改善，资源利用效率显著提高，促进人与自然的和谐，推动整个社会走上生产发展、生活富裕、生态良好的文明发展道路。”可持续发展战略的提出以及相关环境保护原则和具体措施的落实，标志着我国生态文明建设迈出实质性的一步，也昭示着中国特色社会主义生态文明建设思想的基本形成。

### （三）走向成熟时期（2002年党的十六大到2012年党的十八大）

#### 1. 提出科学发展观

进入新世纪新阶段，我国社会发展呈现出一系列新的阶段性特征：一方面，我国取得了举世瞩目的发展成就；另一方面，长期形成的结构性矛盾和粗放型增长方式尚未根本改变，影响发展的体制机制障碍依然存在，尤其是资源环境问题日益成为影响经济社会发展的瓶颈。如何解决我国社会发展面临的这一严峻挑战成为社会广泛关注的重点。

2003年10月，中国共产党十六届三中全会召开。胡锦涛同志在会上发表重要讲话，明确提出“坚持以人为本，树立全面、协调、可持续的发展观，促进经济社会和人的全面发展”。“按照统筹城乡发展、统筹区域发展、统筹经济社会发展、统筹人与自然和谐发展、统筹国内发展和对外开放的要求”，推进各项事业改革和发展。这是中国共产党首次明确提出了科学发展观，也是中国共产党又一重大战略思想。2005年10月，十六届五中全会通过的“十一五”规划建议，明确提出坚持以科学发展观统领经济社会发展全局，要坚持以人为本，转变发展观念，创新发展模式，提高发展质量，落实“五个统筹”，把经济社会发展切实转入全面协调可持续发展的轨道。2006年10年，十六届六中全会明确指出按照“民主法治、公平正义、诚信友爱、充满活力、安定有序、人与自然和谐相处”的总要求，以及“坚持科学发展”的原则构建社会主义和谐社会，并把“资源利用效率显著提高，生态环境明显好转”作为构建社会主义和谐社会的目标和主要任务之一。2007年10月，胡锦涛同志在党的十七大报告中进一步深刻阐述了科学发展观的时代背景、科学内涵、精神实质和根本要求。

#### 2. 提出建设资源节约型、环境友好型社会

2005年3月，胡锦涛同志在中央人口资源环境工作座谈会上提出“建立资源节约型、环境友好型社会”。2005年10月，十六届五中全会通过的“十一五”规划建议将建设资源节约型、环境友好型社会确定为国民经济和社会发展中长期规划的一项战略任务。2006年3月，全国人大十届四次会议通过的“十一五”规划纲要进一步强调：“落实节约资源和保护环境基本国策，建设低投入、高产出、低消耗、少排放、能循环、可持续的国民经济体系和资源节约型、环境友好型社会。”2006年10月，十六届六中全会进一步要求，以解决危害群众健康和影响可持续发展的环境问题为重点，加快建设资源节约型、环境友好型社会。2007年10月，党的十七大报告再次强调，必须把建设资源节约型、环境友好型社会放在工业化、现代化发展战略的突出位置，坚持生产发展、生活富裕、生态良好的文明发展道路，建设资源节约型、环境友好型社会，实现速度和结构质量效益相统一、经济发展与人口资源环境相协调，使人民在良好生态环境中生产生活，实现经济社会永续发展。建设资

源节约型环境友好型社会，是我党贯彻落实科学发展观，构建社会主义和谐社会，实现国民经济又好又快发展的重大战略举措。对于深入推进我国社会主义现代化建设事业，保障人民群众的根本利益，实现中华民族的永续发展，具有重要的意义。

**3. 明确提出生态文明建设**

2007 年党的十七大第一次提出了“建设生态文明”的重要命题，把建设生态文明列入全面建设小康社会奋斗目标的新要求。胡锦涛同志指出：“建设生态文明，基本形成节约能源资源和保护生态环境的产业结构、增长方式、消费模式。循环经济形成较大规模，可再生能源比重显著上升。主要污染物排放得到有效控制，生态环境质量明显改善。生态文明观念在全社会牢固树立。”提出生态文明建设，这是党的十七大的理论创新成果，是中国共产党执政兴国理念的新发展，是对人类文明发展理论的丰富和完善。2010 年 10 月，党的十七届五中全会通过的“十二五”规划建议明确提出，树立绿色、低碳发展理念，以节能减排为重点，健全激励和约束机制，加快建设资源节约型、环境友好型社会，提高生态文明水平。

**（四）不断发展完善时期（2012 年以后）**

2012 年 11 月召开的党的十八大把生态文明建设提高到前所未有的战略高度，作为建设中国特色社会主义事业总体布局，与经济建设、政治建设、文化建设、社会建设相提并论，形成“五位一体”的总体布局。报告明确指出，“建设生态文明，是关系人民福祉、关乎民族未来的长远大计。面对资源约束趋紧、环境污染严重、生态系统退化的严峻形势，必须树立尊重自然、顺应自然、保护自然的生态文明理念，把生态文明建设放在突出地位，融入经济建设、政治建设、文化建设、社会建设各方面和全过程，努力建设美丽中国，实现中华民族永续发展。”中国特色社会主义建设由“三位一体”到“四位一体”再到“五位一体”的不断发展，是对社会主义建设实践的总结，它标志着党对中国特色社会主义本质内涵从理论与实践上有了更为精准的理解与把握，体现了党对社会主义建设规律、共产党执政规律、人类社会发展规律的认识的不断深化。

2013 年 11 月召开的党的十八届三中全会对生态文明建设作了进一步的部署，明确指出，紧紧围绕建设美丽中国深化生态文明体制改革，加快建立系统完整的生态文明制度体系，健全国土空间开发、资源节约利用、生态环境保护的体制机制，推动形成人与自然和谐发展现代化建设新格局。2016 年 3 月十二届全国人大四次会议通过的“十三五”规划纲要，单篇编制“加快改善生态环境问题”，指出：“以提高环境质量为核心，以解决生态环境领域突出问题为重点，加大生态环境保护力度，协同推进人民富裕、国家富强、中国美丽。”2020 年 10 月 29 日中国共产党第十九届中央委员会第五次全体会议通过的“第十四个五年规划和 2035 年远景目标的建议”，单篇编制“推动绿色发展促进人与自然和谐共生”，提出坚持绿水青山就是金山银山理念，坚持尊重自然、顺应自然、保护自然，坚持节约优先、保护优先、自然恢复为主，实施可持续发展战略，完善生态文明领域统筹协调机制，构建生态文明体系，推动经济社会发展全面绿色转型，建设美丽中国。

改革开来以来，中国共产党关于生态文明建设的相关论述，体现了党在生态文明建设的理论和实践方面的日趋成熟和不断完善，为中国特色社会主义全面发展和完善奠定基础，它标志着我们党对中国特色社会主义的认识更加成熟。

图 2-12　中国共产党第十八次全国代表大会

## 二、习近平生态文明思想

2018 年 5 月全国生态环境保护大会的胜利召开，为我国生态环境保护提供了强大的思想指引、理论基础和实践动力，形成了习近平生态文明思想，成为习近平新时代中国特色社会主义思想的重要组成部分，引领生态环境保护取得历史性成就、发生历史性变革，为新时代推进生态文明建设提供了重要遵循。

习近平生态文明思想内涵十分丰富，集中体现在“八个观”：生态兴则文明兴、生态衰则文明衰的深邃历史观；坚持人与自然和谐共生的科学自然观；绿水青山就是金山银山的绿色发展观；良好生态环境是最普惠的民生福祉的基本民生观；山水林田湖草沙是生命共同体的整体系统观；用最严格制度保护生态环境的严密法治观；全社会共同建设美丽中国的全民行动观；共谋全球生态文明建设之路的共赢全球观。

### 1. 生态兴则文明兴、生态衰则文明衰的深邃历史观

以“生态兴则文明兴、生态衰则文明衰”为基本理念。无论从世界还是从中华民族的文明历史看，生态环境的变化直接影响文明的兴衰演替。曾经璀璨的古埃及

文化和灿烂的古巴比伦文明，由于生态环境的衰退尤其是严重的土地荒漠化直接导致了两大王国的衰落。我国古代一度辉煌的楼兰文明现已被埋藏在万顷流沙之下；河西走廊、黄土高原的经济衰落以及唐代中叶以来我国经济中心逐步向东、向南转移，很大程度上都与西部地区生态环境变迁有关。

2018 年 5 月，习近平总书记在全国生态环境保护大会上强调，生态文明建设是关系中华民族永续发展的根本大计。功在当代、利在千秋，关系人民福祉，关乎民族未来。中华民族向来尊重自然、热爱自然，绵延 5000 多年的中华文明孕育着丰富的生态文化。必须坚持节约资源和保护环境的基本国策，坚定走生产发展、生活富裕、生态良好的文明发展道路，为中华民族永续发展留下根基。

**2. 坚持人与自然和谐共生的科学自然观**

以“人与自然和谐共生”作为本质要求，坚持节约优先、保护优先、自然恢复为主的方针，像保护眼睛一样保护生态环境，像对待生命一样对待生态环境，推动形成人与自然和谐发展现代化建设新格局，还自然以宁静、和谐、美丽。

随着我国迈入新时代，生态环境是关系党的使命宗旨的重大政治问题，也是关系民生的重大社会问题。无论国内考察调研还是参加国际会议，习近平总书记反复强调生态保护之重，他反复警示世人，“生态环境没有替代品，用之不觉，失之难存”。在人类发展史上，发生过大量破坏自然生态的事件，酿成惨痛教训。恩格斯指出：“我们不要过分陶醉于我们人类对自然界的胜利。对于每一次这样的胜利，自然界都对我们进行报复。”因此，人类只有尊重自然、顺应自然、保护自然，才能实现经济社会可持续发展。

**3. “绿水青山就是金山银山”的绿色发展观**

以“绿水青山就是金山银山”为基本内核。绿水青山就是金山银山，是对绿色发展最接地气的诠释和表达，深刻揭示了发展与保护的本质关系，指明了实现发展与保护内在统一、相互促进、协调共生的方法论。

绿水青山既是自然财富、生态财富，又是社会财富、经济财富。保护生态就是保护自然价值和增值自然资本的过程，就是保护经济社会发展潜力和后劲的过程。必须树立和贯彻新发展理念，平衡和处理好发展与保护的关系，推动形成绿色发展方式和生活方式，努力实现经济社会发展和生态环境保护协同共进。

**4. 良好生态环境是最普惠的民生福祉的基本民生观**

以“良好生态环境是最普惠民生福祉”为宗旨精神。生态文明建设，不仅可以改善民生，增进群众福祉，还可以让人民群众公平享受发展成果。随着物质文化生活水平不断提高，城乡居民的需求也在升级。他们不仅关注“吃饱穿暖”，还增加了对良好生态环境的诉求，更加关注饮用水安全、空气质量等问题。

生态文明建设同每个人息息相关。环境就是民生，青山就是美丽，蓝天也是幸

**图 2–13　浙江省安吉县余村，“两山”理论发源地**

福。我们应当坚持生态惠民、生态利民、生态为民，重点解决损害群众健康的突出环境问题，不断满足人民日益增长的优美生态环境需要，使生态文明建设成果惠及全体人民，既让人民群众充分享受绿色福利，也造福子孙后代。

**5. 山水林田湖草沙是生命共同体的整体系统观**

以“山水林田湖草沙是生命共同体”为系统思想。生态是统一的自然系统，是各种自然要素相互依存实现循环的自然链条。必须按照生态系统的整体性、系统性及内在规律，统筹考虑自然生态各要素、山上山下、地上地下、陆地海洋以及流域上下游，进行整体保护、宏观管控、综合治理，全方位、全地域、全过程开展生态文明建设，增强生态系统循环能力，维护生态平衡。

2013 年，习近平总书记在十八届三中全会上做关于《中共中央关于全面深化改革若干重大问题的决定》的说明时明确指出：“我们要认识到，山水林田湖是一个生命共同体，人的命脉在田，田的命脉在水，水的命脉在山，山的命脉在土，土的命脉在树。”习近平总书记对这个“生命共同体”作出生动阐释。

**6. 用最严格制度保护生态环境的严密法治观**

以“最严格制度最严密法治保护生态环境”为重要抓手。党的十八大以来，我们开展一系列根本性、开创性、长远性工作，完善法律法规，建立并实施中央环境保护督察制度，深入实施大气、水、土壤污染防治三大行动计划，推动生态环境保护发生历史性、转折性、全局性变化。与此同时，生态文明建设处于压力叠加、负重前行的关键期，我们必须咬紧牙关，爬过这个坡，迈过这道坎。

党的十八大以来，以习近平同志为核心的党中央高度重视生态文明顶层设计和制度体系建设。未来，我们必须加快制度创新，不断完善环境保护法规和标准体系并加以严格执法。必须按照源头严防、过程严管、后果严惩的思路，让制度成为刚性的约束和不可触碰的高压线，环境司法应当愈加深入，监督应当常态化，环境信息得到越来越及时完整披露，公众参与应当越来越有序有效，守法应当成为企业的责任。

**7. 全社会共同建设美丽中国的全民行动观**

以“美丽中国”建设为根本目标。建设美丽中国，既需要政府自上而下的制度设计，也需要群众自下而上的全民行动，形成“人人参与、人人共享、各尽其责、久久为功”，汇集最强大的“绿色合力”。

美丽中国呼唤全民行动，这是一种环境治理的智慧，也是一种生活方式的转型，更意味着一种生态文明建设的主人翁意识。对政府部门而言，应该进一步转变施政观念，不能把群众的自发监督视为洪水猛兽，甚至带着抵触情绪看待群众监督，而应该畅通渠道，吸纳群众有序参与环境治理，把民意民心转化成环境治理的良性力量。对企业而言，应该进一步转变经营观念，不能把经济效益作为唯一目标，甚至为了追求利润而不惜牺牲生态环境，而应该更多承担起企业社会责任，从源头把好治理污染的第一关。对社会公众而言，应该进一步增强责任观念，不能有“搭便车”的心理，期待别人环保而自己享受是不行的，应该拿出实际行动，贡献属于自己的一份力量。最终形成政府有序引导，社会、企业和公众有序参与，共建生态文明与环境治理的良性格局。

**8. 共谋全球生态文明建设之路的共赢全球观**

以“共谋全球生态文明建设，深度参与全球环境治理”为彰显大国担当。习近平总书记以全球视野、世界眼光、人类胸怀，积极推动治国理政理念走向更高视野、更广时空。保护生态环境，应对气候变化，是人类面临的共同挑战。习近平总书记在多个国际场合宣称，中国将继续承担应尽的国际义务，同世界各国深入开展生态文明领域的交流合作，推动成果共享，携手共建生态良好的地球美好家园，中国要成为全球生态文明建设的重要参与者、贡献者、引领者。

生态文明建设是构建人类命运共同体的重要内容。必须同舟共济、共同努力，构筑尊崇自然、绿色发展的生态体系，推动全球生态环境治理。拥有天蓝、地绿、水净的美好家园，是每个中国人的梦想，也是全人类共同谋求的目标。

习近平生态文明思想高屋建瓴、博大精深、内涵深厚，是一个从实践到认识再到实践的循环开放体系，是被实践证明了的真理，是生态价值观、认识论、实践论和方法论的总集成，对于推动生态文明和美丽中国建设具有很强的科学性、普适性、针对性和指导性。必须坚持以习近平生态文明思想为指导，谋划推动建设美丽中国的顶层政策和制度设计，鼓励和引导每一位公民都行动起来，逐步使生态文明价值观念和行为准则在全社会牢固树立，让建设美丽中国成为人民群众共同参与共同建设共同享有的伟大事业。

## 三、我国生态文明建设取得的成就

### （一）逐步形成和完善了生态文明理论体系

当前，以习近平生态文明思想为核心，逐步形成了较为完善的生态文明建设理论体系。从什么是生态文明，到为什么要建设生态文明，以及如何建设生态文明，丰富完善的理论体系为生态文明建设实践提供了强有力的支持。

#### 1. 解释了怎样认识生态文明

工业革命以来，人类改造自然、征服自然的能力大大加强，在推动人类社会发展的同时，一系列全球性的生态危机也说明工业文明的发展模式难以持续，需要开创一个新的文明形态来延续人类的生存。生态文明是继工业文明之后的人类社会新的文明形态，强调要尊重自然、顺应自然、保护自然。尊重自然，就是要明确是自然孕育并哺育了人类，自然就是人类的生身父母、衣食父母；顺应自然，是指不按自然规律办事不行；保护自然，是对自然环境和自然资源的保护。如果说尊重自然是认识问题、顺应自然是方法问题，那么保护自然就是行动问题。而由于环境破坏、生态退化和资源约束趋紧引发的一系列经济、政治和社会发展不可持续问题，则是人类在实践上无以复加、肆意摧残和掠夺自然而导致的恶果。

改革开放尤其是党的十八大以来，党中央提出了关于生态文明建设的一系列新理念新要求。在生态文明理念方面，明确提出了“尊重自然、顺应自然、保护自然”“绿水青山就是金山银山”“山水林田湖草沙是一个生命共同体”等理念。在生态文明与经济社会发展的关系方面，提出了“守住生态与发展两条底线”“良好生态环境是最公平的公共产品，是最普惠的民生福祉”等理念。在生态文明实现路径方面，强调要树立“划定红线，守住底线与资源上限”“像保护眼睛一样保护生态环境，像对待生命一样对待生态环境”等理念。

#### 2. 回答了为什么建设生态文明

生态环境是一个国家和地区综合竞争力的重要组成部分，也是民众基本生存条件和生活质量的保障与体现。生态环境保护，事关民生，事关发展，事关民众的基本发展机会、能力和权益，惠及当代，也造福子孙。建设生态文明，增加优质生态产品的供给，也是增强民众获得感和幸福感的关键。

习近平总书记指出“保护生态环境就是保护生产力，改善生态环境就是发展生产力”“环境就是民生，青山就是美丽，蓝天也是幸福”“把生态文明建设放到更加突出的位置，这是民意所在”。

**3. 指明了怎样建设生态文明**

生态文明建设的根本路径是生态发展、绿色发展、低碳发展以及经济与生态两手都要抓，两手都要硬。这种生态文明建设理念“不仅更新了关于生态与资源的传统认识，打破了简单把发展与保护对立起来的思维束缚，还指明了实现发展和保护协调共生的方法论，带来的是发展理念和方式的深刻转变，也是执政理念和方式的深刻转变，为生态文明建设提供了根本遵循。”

同时，生态文明建设要解决融入问题，习近平总书记指出：“要深刻理解把生态文明建设纳入中国社会主义事业总体布局的重大意义。”在生态文明建设中要坚持“五位一体”，把生态文明建设融入政治建设、经济建设、文化建设、社会建设中。

**（二）生态文明体制机制改革取得突破性进展**

生态文明建设需要完善的制度保障。十八大以来，有关部门出台了大量的相关政策法规，并不断加大落实力度，同时不断改革政府管理体制，推动我国生态文明建设的体制机制改革取得了突破性进展。

**1. 顶层设计制度体系基本建立**

“十三五”时期，“绿水青山就是金山银山”被写入党章，建设生态文明写入宪法。中央生态环境保护督察等制度落地见效，实现了31个省（自治区、直辖市）、新疆生产建设兵团的例行督察全覆盖，推动各省份建立环保督察制度。排污许可、生态环境保护综合行政执法，生态环境损害赔偿与责任追究等制度相继出台。生态文明建设目标评价考核、河湖长制、省以下环保机构监测监察执法垂直管理等改革加快推进。推动生态环境法规标准体系建设和重大法治、重大改革紧密融合，推进生态环境损害赔偿制度的改革落地。

**2. 构建了“四梁八柱”的制度体系并加快完善**

2015年9月，国务院印发《生态文明体制改革总体方案》，《总体方案》提出8项制度，构建了生态文明体制建设的“四梁八柱”，目前的整体工作进展比较顺利。“总体方案确定的2015—2017年要完成的79项改革任务中，73项已经全部完成，6项基本完成。”“自然资源资产产权制度改革有序推进，国土空间开发保护制度日益加强，空间规划体系改革试点全面启动，资源总量管理和全面节约制度不断强化，资源有偿使用和生态补偿制度稳步探索，环境治理体系改革力度加大，环境治理和生态保护市场体系加快构建，生态文明绩效评价考核和责任追究制度已基本建立。”生态文明建设制度体系总体框架已经搭建并不断完善，用制度为中国的生态文明建设保驾护航。

**3. 环保法治不断健全，监管力度空前**

在立法和法律实施方面，生态环保法制建设不断健全，监管执法尺度之严前所未有。近年来修改完善了《土地管理法》《水污染防治法》《大气污染防治法》《野生动物保护法》《森林法》《矿产资源法》等法律法规，制定了《土壤污染防治法》《海洋基本法》《核安全法》《深海海底区域资源勘探开发法》等法律法规，并于2015年1月1日起施行了‘史上最严’新《环境保护法》。这些法律法规为尽快加强我国生态环境保护和实现绿色发展提供了坚实的强制性保障。同时，生态环保执法监管力度空前。“环保督查机制”“党政同责”“一岗双责”“垂改工作”“自然资源资产离任审计”“环境保护责任终身责任追究”等一系列制度的实施，有力地推动了生态环保执法监管工作的深入开展。

**（三）生态环境保护与治理获丰硕成果**

改革开放以来，全国上下积极推进生态文明建设，做了大量卓有成效的工作，生态环境保护与治理工作不断深化并取得了丰硕成果。

**1. 环保共治格局正在形成**

经济社会发展的不平衡性和环境问题的复杂性决定了中国环境管理模式选择的多维性。中国当前的环境管理已经逐步从过去单纯的自上而下转变为自上而下与自下而上相结合的方式，除了行政手段外，还需擅用市场调节、鼓励公众参与、促进企业自律，让每个人都成为保护环境的参与者、建设者、监督者。

多元化的环境治理体系是国家现代治理体系的重要构成内容，也是加快补齐生态环境短板的基础保障。通过多方面加强生态文明建设，“有序地发挥了地方党委、地方政府、地方人大、地方政协、司法机关、社会组织、企业和个人在生态文明建设中的作用，环境共治的格局正在形成。环境保护企业特别是龙头企业通过投融资机制积极参与环境保护第三方治理。公民和社会组织在信息公开的基础上加强了对企业和执法机关的监督。”

**2. 突出的环境问题得以缓解**

由于各级政府高度重视环境污染治理，广大群众也积极参与生态文明建设工作，生态环境的保护与治理取得了初步成效。

“十三五”期间，我国大气环境质量持续改善，全国地级及以上城市环境空气PM2.5年均浓度持续下降，优良天数比例为87.2%。温室气体排放得到有效控制。全国单位GDP二氧化碳排放持续下降，基本扭转了二氧化碳排放总量快速增长的局面，截至2019年底，碳排放强度比2015年下降18.2%，提前完成了“十三五”约束性目标。全国地表水国控断面Ⅰ－Ⅲ类水体比例增加到67.8%，劣Ⅴ类水体比例下降到8.6%，大江大河干流水质稳步改善。我国累计完成造林5.45亿亩，森林覆盖率提高到23.04%，森林蓄积量超过175亿立方米，连续30年保持“双增长”。

天然草原综合植被盖度达到 56. 1%。主要沙尘源区植被状况持续向好，荒漠化沙化呈整体遏制、重点治理区明显改善，京津风沙源治理工程区森林覆盖率由 10. 59% 提高到 18. 67%，重大生态保护和修复工程也进展顺利，实现了由“沙进人退”到“人进沙退”的历史性转变。重点领域节能工作进展顺利，2016—2019 年，规模以上企业单位工业增加值能耗累计下降超过 15%，相当于节能 4. 8 亿吨标准煤，节约能源成本约 4000 亿元。

图 2-14　河北塞罕坝木兰围场大峡谷

图 2-15　江西鄱阳湖国家湿地公园

## 第三节　生态文明制度与法律体系

生态文明改革和建设是一场涉及生产方式、生活方式、思维方式和价值观念的革命性变革，实现这样的根本性变革，必须依靠制度和法治。习近平总书记指出："只有实行最严格的制度、最严密的法治，才能为生态文明建设提供可靠保障。"党的十八大以来，我国把制度建设作为推进生态文明建设的重中之重，加快制度创新，强化制度执行，让制度成为刚性的约束和不可触碰的高压线。同时，一系列有关生态文明的法律、行政法规、地方法规规章、规范性文件出台或修改，生态文明法律体系不断完善。

### 一、生态文明制度与法律体系释义

生态文明制度是在中国特色社会主义制度的基本框架下，运用法律、法规、政策、方针等协调人与自然的关系、人与社会的关系、人与人的关系以促进生态文明建设朝着科学化、民主化、法制化、精细化、高效化方向迈进，从而实现人与自然和谐共生的各种引导性、规范性和约束性规则规范的总和。生态文明制度内涵丰富，包含生态文明政治、经济、社会、文化等各方面制度，生态文明法律制度是其中之一，构建集立法、执法、司法、法律监督为一体的生态文明法律体系是建设生态文明社会的法治基础。

### 二、构建生态文明制度与法律体系的重要意义

第一，构建生态文明制度与法律体系是建设美丽中国的重要保障。当前，我国社会的主要矛盾已经转化为人民日益增长的美好生活需要和不平衡不充分的发展之间的矛盾。美好生活需要不仅包括物质方面的需要，也包括满足人民对优美生态环境和生态发展的需要。要实现生态环境根本好转、建设美丽中国，必须把生态文明建设纳入法治化、制度化轨道。制度、法律能够规范、引导和约束人们的行为，推动人们将生态文明理念落实为实践和行动，共建蓝天、碧水、净土的美好生活。党的十九大报告关于加快生态文明体制改革的重要论述，深刻揭示了建设美丽中国的

根本举措是制度建设，用制度才能为美丽中国建设提供可靠保障。

第二，生态文明制度体系是推进国家治理体系与治理能力现代化的重要部分。生态文明制度体系具有系统化、融合化和协同化等特点，其完善程度直接或间接影响国家治理体系和治理能力现代化的进度。健全生态文明制度和法制，提升生态治理能力和水平，与国家治理体系和现代化需求相适应，是遏制生态环境总体恶化趋势、提高国家治理能力以改善生态环境的重要手段。同时，国家治理体系化又可促进生态文明制度体系化建设，两者相互影响、相互补充，是国家制度体系的有机组成部分。

## 三、我国生态文明主要制度

党的十八大以来，全党全国贯彻绿色发展理念的自觉性和主动性显著增强，生态文明顶层设计和制度体系建设加快推进。从党的十八届三中全会首次确立生态文明制度体系，到党的十九届四中全会将生态文明制度建设作为中国特色社会主义制度建设的重要内容和不可分割的有机组成部分作出重要部署。我国生态文明制度建设取得重要进展，生态环境保护制度、资源高效利用制度、生态保护和修复制度、生态环境保护责任制度等生态文明制度相继建立、不断完善，有力地遏制了生态环境恶化。

### （一）生态保护红线制度

2015 年 1 月出台并实施的新《中华人民共和国环境保护法》规定“国家在重点生态功能区、生态环境敏感区和脆弱区等区域划定生态保护红线，实行严格保护”，同年 5 月和 10 月，环境保护部分别发布了《生态保护红线划定指南》和《生态保护红线管理办法（试行）》，共同规范生态保护红线的划定。中共中央办公厅、国务院办公厅 2017 年 2 月印发了《关于划定并严守生态保护红线的若干意见》，标志着全国生态保护红线划定与制度建设正式全面启动。

图 2–16　生态保护红线标识

生态保护红线怎么划？生态保护红线划定、监督和管理的主体是地方各级政府，各省区市形成生态保护红线，环境保护部、国家发展改革委员会等部门进行技术审核并提出意见，报国务院批准后由各省区市政府发布实施。在此基础上进行衔接汇总，形成全国生态保护红线，并将向社会公布。

哪些区域要进入红线？从覆盖面来说，主要在重要生态功能区、生态脆弱区、生态敏感区、禁止开发区，其他有重要生态价值的区域进行划定，并不是涵盖整个国土。划定生态保护红线的目的是保持、恢复和改善特定区域的生态功能，保护生态安全，在保护自然生态空间的同时实现对经济的可持续发展的生态支撑。

生态保护红线是保障和维护国家生态安全的底线和生命线，是管控所有重要生态空间的实线，必须严防死守，否则必将危及生态安全、人民生产生活和国家可持续发展。到目前为止，全国 31 个省份已开展了这方面工作，勘界定标，基本建立生态保护红线制度。到 2030 年，生态保护红线布局进一步优化，生态保护红线制度有效实施，生态功能显著提升，国家生态安全得到全面保障。

### （二）生态环境损害赔偿制度

生态环境损害是指“因污染环境、破坏生态造成大气、地表水、地下水、土壤、森林等环境要素和植物、动物、微生物等生物要素的不利改变，以及上述要素构成的生态系统功能退化”。为应对高发的生态环境损害事件，解决“企业污染、群众受害、政府买单”的困局，中共中央办公厅和国务院办公厅于 2017 年印发了《生态环境损害赔偿制度改革方案》，正式确立了生态环境损害赔偿制度。2020 年 9 月 3 日，生态环境部等 11 部门联合发布《关于推进生态环境损害赔偿制度改革若干具体问题的意见》，针对地方开展生态环境损害赔偿工作遇到的实际问题进行业务指导。

损害担责，修复优先。生态环境损害赔偿制度的首要目的就是实现“损害担责”的需要，遵循修复优先原则，对违反法律法规、造成生态环境损害的单位或个人，应承担生态环境损害赔偿责任，做到应赔尽赔。生态环境损害无法修复的，实施货币赔偿，用于替代修复。对造成生态环境损害的责任人，除依法追究刑事或行政责任外，还追索因其行为导致的赔偿和修复责任。对于赔偿义务人不履行或不完全履行义务的情况，应当纳入社会信用体系，在一定期限内实施市场和行业禁入、限制等措施。

主动磋商，司法保障。实施“磋商前置”，即生态环境损害赔偿磋商是诉讼的前置条件。赔偿权利人省级、市地级政府与赔偿义务人经过磋商，达成赔偿协议，可以向人民法院申请司法确认。经司法确认后，如果赔偿义务人不履行或不完全履行的，赔偿权利人可以向人民法院申请强制执行。赋予赔偿协议强制执行效力，促进赔偿协议落地。对于磋商未达成一致的，赔偿权利人应当及时提起生态环境损害赔偿诉讼。

截至 2020 年 9 月，全国共办理生态环境损害赔偿案件 1674 件，包括新疆生产建设兵团在内的全国 32 个省级赔偿权利人均已启动了生态环境损害赔偿案例实践；同时，有 315 个市地级政府已实际开展案例实践，占全国市地级政府总数约 75%。

初步构建了责任明确、途径畅通、技术规范、保障有力、赔偿到位、修复有效的生态环境损害赔偿制度。

### （三）生态环境损害责任追究制度

习近平总书记在十九届四中全会上指出，要“严明生态环境保护责任制度”“生态环境保护能否落到实处，关键在领导干部”。为强化党政领导干部生态环境和资源保护职责，2015 年 8 月，中共中央办公厅、国务院办公厅印发《党政领导干部生态环境损害责任追究办法（试行）》（以下简称《办法》），用制度严格规范党政领导干部环境行为。

《办法》明确底线思维，提出了生态环境损害的追责主体、责任情形、追责形式、追责程序，以及终身追究制等规定。明确提出实行生态环境损害责任终身追究制，规定对违背科学发展要求、造成生态环境和资源严重破坏的，责任人不论是否已调离、提拔或者退休，都必须严格追责。为保障落实，还推出两项配套措施：自然资源资产离任审计和环境保护“党政同责”“一岗双责”，使领导干部树立权责一致的意识，规范领导干部生态环境决策行为，最终推动生态环境决策科学化和法治化。

《办法》适用于县级以上地方各级党委和政府及其有关工作部门的领导成员，中央和国家机关有关工作部门领导成员，以及上列工作部门的有关机构（内设机构、派出机构和有执法管理权的直属事业单位等）领导人员。凡是在生态环境领域负有职责、行使权力的党政领导干部，出现规定追责情形的，都必须严格追究责任。

### （四）生态环境保护督察制度

我国生态环保督察经历了“督企为主、督政督企并举、党政同责”三个阶段。2015 年 8 月颁布实施的《环境保护督察方案（试行）》，环保督察制度开始起步，2016 年 1 月正式启动中央环境保护督察，2017 年组建了固定的中央生态环境保护督察办公室，设在生态环境部，负责中央生态环境保护督察领导小组日常事务和组织协调工作。2019 年 6 月，中共中央办公厅、国务院办公厅印发《中央生态环境保护督察工作规定》（以下简称《规定》），以党内法规的形式明确了生态环境保护督察制度框架、程序规范、权限责任等。

《规定》对督察的目的、机构、任务、事项、步骤、方式、内容、时间、纪律等作出了具体细致的规定，奠定了督察制度的法制基础。《规定》明确实行中央和省级两级生态环境保护督察体制，督察类型包括例行督察、专项督察和“回头看”3 种；对督察工作程序、工作机制和工作方法等做了系统梳理，完善了督察程序和规范。自 2015 年底启动对河北省的督察试点以来，历时 2 年分 4 批完成了首轮对全国 31 个省份的督察，同时还分 2 批完成了对全国 20 个省份“回头看”和专项督察。第一轮督察及“回头看”共推动解决群众身边的生态环境问题约 15 万个，向地方移交责任追究问题509个，问责干部4218人。目前，正进行第二轮中央环保督察，计划到2022年完成督察和“回头看”。中央环保督察及时发现并督促解决了大量生态环境问题，有力地保障了环保法的执行和生态环境的改善，成为推动地方党委和政府及相关部门落实生态环境保护责任的硬招实招。各省份也参照中央生态环境保护督察有关做法，开展了对所辖地市的省级生态环境保护督察，并取得一定成效。

2021年5月，又印发了《生态环境保护专项督察办法》，明确了专项督察对象和重点，规范了专项督察程序和权限，严格了专项督察纪律和要求。

## 四、我国生态文明法律体系

我国生态文明法律体系涵盖立法、执法、司法、守法等环节，涉及法律规范、法制实施、法律监督、法制保障等方面。1979年颁布《中华人民共和国环境保护法（试行）》，标志我国环境法律开始建立，经过40多年的发展，尤其是党的十八大以后加快开展生态文明建设领域的科学立法、严格执法、公正司法、全民守法，生态文明法律体系逐步形成。

### （一）构建生态文明立法

#### 1. 以宪法为纲领

2018年通过《中华人民共和国宪法修正案》，将“生态文明”写入宪法，使生态文明这一概念从政治概念跃升为法律概念。宪法修正案的21条中，涉及建设生态文明和美丽中国的有5条，从根本大法角度把生态文明纳入中国特色社会主义总体布局和第2个百年奋斗目标体系，为中国特色社会主义生态文明建设提供根本的法律保障。

#### 2. 扩充生态环境保护专项法律

加快推进生态环境保护立法，制定和修改涉及污染防治、资源开发、生态保护、生态安全等方面的生态环境保护专项法律，不断完善污染防治法律体系。

2015年1月1日起实行“史上最严”的新《中华人民共和国环境保护法》。之后，陆续制定《土壤污染防治法》《资源税法》《海洋基本法》《核安全法》《长江保护法》《生物安全法》《完成水污染防治法》《大气污染防治法》《野生动物保护法》《固体废物污染环境防治法》《森林法》《土地管理法》等生态环境领域专项法律修订工作，为加强生态环境保护、打好污染防治攻坚战提供有力保障。

在加快生态环境保护专门立法的同时，完善民事、刑事法律制度，打出系列组合拳，为加强生态环境保护和污染防治提供有力法律武器。例如，2021年1月1日实施的《民法典》，开篇就规定：“民事主体从事民事活动，应当有利于节约资源、保护生态环境。”并且提出了民事立法应遵循绿色原则，明确了民事侵权责任中的“生态破坏责任”，涉及自然资源、生态治理与环境保护的许多重要民事法律条款，为维护公民平等享有的生态权益，保障生态公正，助推社会主义生态文明建设提供了法治基础。

“十四五”期间，我国将继续加强生态环境保护立法，统筹谋划、扎实推进生态环境保护立法，重点推动以下 3 类立法：一是污染防治方面的立法修法项目，包括《环境噪声污染防治法》《环境影响评价法》修改等；二是生态保护方面的立法修法项目，包括湿地保护、国家公园、野生动物保护、黄河保护、南极活动与环境保护等方面法律的制定修改；三是资源利用方面的立法修法项目，包括《矿产资源法》《草原法》《渔业法》修改等。不断完善生态环境保护法律体系，用法治的力量守护好绿水青山、推动美丽中国建设。

### （二）完善生态文明司法

#### 1. 环境公益诉讼

环境公益诉讼是指由于自然人、法人或其他组织的违法行为或不作为，使环境公共利益遭受侵害或即将遭受侵害时，法律允许其他的法人、自然人或社会团体为维护公共利益而向人民法院提起的诉讼。包括环境民事公益诉讼、环境行政公益诉讼以及生态环境损害赔偿诉讼等公益类诉讼。

2015 年实施的新《中华人民共和国环境保护法》规定符合条件的环保组织都可以作为诉讼的原告提起公益诉讼，标志着环境公益诉讼制度正式确立。同年，“自然之友”“福建绿家园”共同起诉福建省南平市毁林一案，是新《环保法》实施后首例由社会组织提起的环境民事公益诉讼案，南平市中级人民法院受理并公开开庭审理。法院最终判令 4 名被告在 5 个月内，清除矿山工棚、机械设备等，恢复被破坏的 28. 33 亩林地的功能，在林地上补种林木，并抚育保护 3 年。如不能在指定期间内恢复林地植被，则应共同赔偿生态环境修复费用 110. 19 万元，共同赔偿生态环境受损恢复原状期间的服务功能损失 127 万元，用于原地的生态修复或异地公共生态修复。本案判决对环境民事公益诉讼案件审理具有重要的借鉴意义。

为解决环境违法背后行政机关监管缺失的问题，2017 年环境行政公益诉讼应运而生，检察机关成为提起环境公益诉讼的重要力量。2018 年 3 月，最高人民法院、最高人民检察院联合发布并施行《关于检察公益诉讼案件适用法律若干问题的解释》，从司法实务层面对检察公益诉讼作出细化规定。目前，由检察机关以及社会组织提起的环境公益诉讼特别是检察机关提起的环境公益诉讼逐年增多，基本实现环境公益诉讼对生态环境保护重点地区的全覆盖。

#### 2. 设置环境法庭

设置环境法庭的目的是通过专门的环境司法程序，以司法人员专业化和司法对象专门化对环境案件进行审理，实现环境司法专门化。2014 年 6 月，最高人民法院环境资源审判庭成立，其主要职责包括：审判第一、二审涉及大气、水、土壤等自然环境污染侵权纠纷民事案件，涉及地质矿产资源保护、开发有关权属争议纠纷民事案件，涉及森林、草原等自然资源环境保护、开发、利用等环境资源民事纠纷案件；对不服下级法院生效裁判的涉及环境资源民事案件进行审查，依法提审或裁定指令下级法院再审；对下级法院环境资源民事案件审判工作进行指导；研究起草有关司法解释等。

随后，各省份法院立足生态环境保护需要和案件类型、数量等实际情况，设立了跨行政区划环境案件审理法院、专门生态环境保护巡回法庭、审判庭和合议庭等等，提高环境资源审判专业化水平。人民法院加强与检察机关、公安机关、行政执法部门的外部协调联动，充分发挥行政调解、行政裁决、人民调解等非诉讼纠纷解决方式的作用，形成环境资源保护合力。目前，全国已建立基本覆盖各级法院的环境资源审判专门机构，推动刑事、民事、行政环境资源案件三合一归口审理。

图 2-17　赣江流域环境资源法庭

### （三）加强生态文明执法

法律的生命力在于执行，生态文明执法离不开高效的治理体系，首先，进行生态环境保护管理体制的改革。为改变职责划分不科学带来的“政出多门”的弊端，2018 年国务院机构改革将环境执法职能统一整合进新组建的生态环境部，理顺了执法主体。省以下深入开展环保机构监测监察执法垂直管理制度改革（以下简称“垂改”），解决以块为主的地方环保管理体制存在的难以落实对地方政府及其相关部门的监督责任、难以解决地方保护主义对环境监测监察执法的干预、难以适应统筹解决跨区域跨流域环境问题的新要求、难以规范和加强地方环保机构队伍建设等4个突出问题。通过持续“垂改”，逐渐建立健全条块结合、各司其职、权责明确、保障有力、权威高效的地方环保管理体制。

其次，着力整合组建生态环境保护综合执法队伍，全面推行行政执法公示制度、执法全过程记录制度、重大执法决定法制审核制度“三项制度”，进一步规范各级生态环境部门行政检查、行政处罚、行政强制、行政许可等行为，切实保障人民群众合法环境权益。目前，全国执法队伍大约8万人，占生态环境系统总人数的1/3以上。2021年6月30日，生态环境部印发《关于加强生态环境保护综合行政执法队伍建设的实施意见》，为推进全国生态环境保护综合行政执法队伍建设，充分发挥生态环境保护铁军中的主力军作用提供了遵循。

## 五、我国生态文明制度建设存在的问题

生态文明制度是一个复杂庞大的体系，需要从源头、过程、后果3个维度，按照“源头严防、过程严管、后果严惩”思路构建。当前，我国生态文明制度建设还存在碎片化、分散化、部门化现象，难以实现制度体系合力的最大化。

### （一）生态文明法律制度不够健全

完整的生态文明法律体系应当由宪法、生态文明基本法、各生态环保单行法以及相关部门法构成，当前我国仍然缺乏生态文明基本法，缺乏更加精准、细分的法律制度和更加完善的配套建设。国家与地方法律法规有所差异，给环境保护部门执法、司法造成困难。尤其是随着当前生态环境管理体制改革的深入和部门权责及分工的大调整，很多依托原有部门制定的政策法规不适应机构改革后的需要，使得相关部门缺少管理的法律依据，也容易产生部门间职责不清的问题。

### （二）生态环境监管制度有待完善

长期以来，地方政府片面追求GDP的高速增长，只重视经济发展，而忽视资源环境的保护，虽然党和国家出台了生态文明相关政策法律，建立了生态环境监管制度，但“有法不依”“执法不严”“上有政策 下有对策”的情况依然存在，环境监管不到位、执法效率不高等，严重削弱了生态文明制度的执行力度和监管力度。

其次，绝大多数的生态环境案件和事件都是出现问题后再治理，生态监督都属于事后监督，导致监管效力大打折扣，对生态环境保护缺乏系统科学的预估机制、防范机制、全程跟踪与评价机制，因此，还需加强这方面的制度建设。

### （三）生态环保公众参与制度薄弱

随着生态文明不断深入人心，公民生态环保意识逐渐增强，环保公众参与的法律法规逐步建立完善，相关组织机构不断建立和健全，但仍存在公众参与生态环境保护的权利得不到制度保障、信息公开机制不健全、缺乏公众参与诉讼的保护措施

以及司法援助相关规定、公众生态文明行为规范制度不完善等问题。建设“美丽中国”、解决我国的生态环境问题需要更多的公众积极参与，形成不同规模和层次的社会行动网络，建立和完善全社会共同参与的全民行动体系。

## 六、加强我国生态文明制度建设的对策

建设生态文明是一场攻坚战、持久战，必须从战略高度、长远视角去规划设计，需要用严格的制度、严密的法治为生态文明建设提供有力保障。

### （一）完善生态文明法治建设

生态保护和环境治理需要进一步完善法律，加强立法、严格执法，在生态文明管理的各个环节中依法办事，维护法律权威。生态环境部和相关部门应尽快出台全面的顶层设计和部署，借鉴国际上有关生态文明法律法规成功实践的经验，抓紧制定符合我们国家当前国情和实际情况的新的法律制度。进一步修订完善相关法律法规，明确不同部门在生态环境管理方面的权责及边界。加强资源与环境的综合立法，加大执法的力度，完善生态文明建设的法治保障。

### （二）建立健全生态环境监管机制

通过建机构、强规划、重惩治等手段，积极整合监管资源，创新监管举措，完善网格化环境监管机制，构建“纵到底、横到边、全覆盖、无死角”的环境监管体系。

首先，加强对生态文明建设的总体设计和组织领导，设立国有自然资源资产管理和自然生态监管机构，完善生态环境管理制度，统一行使全民所有自然资源资产所有者职责，统一行使所有国土空间用途管制和生态保护修复职责，统一行使监管城乡各类污染排放和行政执法职责。其次，强规划，构建国土空间开发保护制度，完善主体功能区配套政策，建立以国家公园为主体的自然保护地体系。再次，重惩治，保持高压态势，坚持铁腕治污，发挥环境监管部门最大效能，依法从重从严治理，坚决制止和惩处破坏生态环境行为。同时，加强中央和省级环保督察，维持常态化、长效的环境保护督查。拓展督察内容，从单方面的督察生态环保向促进经济、社会发展与环境保护相协调延伸。

### （三）构建绿色经济发展制度

“既要金山银山，又要绿水青山”，生态文明建设的内涵是实现经济和环境保护协调发展。如何达到双赢？发展绿色低碳循环经济是关键。

首先，应加快建立绿色生产和消费的法律制度和政策导向，构建包括法律、法规、标准、政策在内的绿色生产和消费制度体系。从产业、市场、收入分配、城乡区域发展、绿色发展等体系进行谋划，完善绿色产业发展支持政策，完善市场化机制及配套政策，建立和完善绿色金融制度，推进市场导向的绿色技术创新制度。

其次，全面建立资源高效利用制度。实行资源总量管理和全面节约制度，强化

约束性指标管理，实行能源、水资源消耗、建设用地等总量和强度双控行动，加快建立健全充分反映市场供求和资源稀缺程度、体现生态价值和环境损害成本的资源环境价格机制，促进资源节约和生态环境保护。

### （四）完善生态文明公众参与制度

一个完整的生态文明公众参与制度，应当包括信息公开制度、行为规范制度、行政参与制度、立法参与制度、司法参与以及救济制度，注重培养公众生态文明意识，引导公民践行生态文明规范。

#### 1. 健全环境信息公开制度

首先要扩大信息公开的主体、范围和内容。信息公开主体包含政府、企业、科研机构、个人，公开的内容包括环境保护法律法规和其他规范性文件、环境质量状况以及其他公众需要知悉的信息。加大信息公开力度和可信度，引入第三方核查机制，对公开的环境信息进行审核，确保环境信息披露的准确性、科学性。同时简化公众获取信息的手续和渠道，运用传统媒体、互联网新媒体等多种媒介，使得公众能够更加及时地获得相关的信息。

#### 2. 完善环境执法参与制度

尽快出台公众参与环境保护的专门的法规。在相关法律法规中，明确公众参与环境立法、决策、监督、救济的过程、方法、机制，通过法制化的手段，保障公众权利。进一步完善环境公益诉讼制度，确认非政府环保组织的法律地位，扩大环境诉讼的主体范围，从环境问题的直接受害者和部分环保组织，扩大到具有专业资质的其他环保组织以及个人，并配套公众参与诉讼的保护措施以及司法援助的规定等。

#### 3. 制定公众环境意识和行为规范制度

环境意识是调节、引导和监控人们环境行为的内在因素，它包括环境知识、环境观念以及人们对环境的态度和环境行为的理解。政府应制定《环境教育法》，对公众进行环境意识教育，建立不同层面的公众性个人行为规范，用制度约束公众的环境行为。同时，进一步将环境意识和行为规范扩展为生态文明素养和行为规范，形成公众教育机制，培养公民将生态文明内化理念、外化行动，形成良好的社会氛围，推动构建生态文明社会。

# 第三篇　绿色之源：生态文化

教学视频

## 第一节　中华传统生态思想

中华民族向来尊重自然、热爱自然，绵延5000多年的中华文明孕育着丰富的生态文化。天人合一、道法自然、敬畏生命、取之有节等中华优秀传统生态理念，开了生态文明之先河、可持续发展之先驱。在今天，这些绵延数千年的生态理念依然是我国生态文明建设的思想指引。

### 一、传统文化中的朴素自然观：天人合一

在中国古代思想体系中，“天人合一”的基本内涵就是人与自然的和谐共生。“天人合一”思想源于我国的传统农耕文明，是我国传统生态文化的基本内容之一。“天人合一”观念最早出现在“六经”之首的《周易》之中，《周易》对“天人合一”思想有比较详尽的论述。例如，《周易·序卦》中说“有天地，然后万物生焉”，认为世间万物都源于天地，同时“有万物然后有男女”，人也是天地滋养而生，是天地之子、自然之子，人与自然是同脉相连的有机统一整体，因此要“与天地合其德，与日月合其明，与四时合其序”。即告诫我们天地人需和合共生，人与自然需和谐相处。

“天”即自然，“天人合一”即是人与自然“你中有我、我中有你”不可分割的关系，这一理念代表了我国先贤圣哲对人与自然关系最朴素、也是最本质的价值认知。“天人合一”思想构造了中华传统文化源远流长的坚实根基，正如我国著名历史学家钱穆先生所言：“中华文化特质，可以‘一天人，合内外’六字尽之。”“天人合一”强调，人与自然并非二元对立，而是一元统一；进一步地，世间万事万物也并非彼此割裂，而是紧密联系，同源而生，各就其位，各司其职，也各自拥有独

立自主的地位和不容剥夺的存在价值。这也可以看出，“天人合一”不仅是我国传统文化中自然观的本真表述，也是古人赖以认识世界、改造世界的思维方法。

中华传统文化中的儒家文化对“天人合一”思想也有着自成体系的阐释。儒家圣贤孔子传承天地人“三才”思想，认为人之于自然并非被动消极，而是可以通过自我调适来契合天地之道，即“人知天”。孟子则提出“上下与天地同流”“万物皆备于我矣”，同样是对儒家“天人合一”思想的诠释和增益。董仲舒说：“天人之际，合而为一。”季羡林先生对此解释道：“天，就是大自然；人，就是人类；合，就是互相理解，结成友谊。”在儒家看来，“人在天地之间，与万物同流”“天人无间断”。也就是说，人与万物一起生灭不已，协同进化。人不是游离于自然之外的，更不是凌驾于自然之上的，人就生活在自然之中。程颐说：“人之在天地，如鱼在水，不知有水，只待出水，方知动不得。”即根本不能设想人游离于自然之外，或超越于自然之上。“天人合一”追求的是人与人之间、人与自然之间，共同生存，和谐统一。

宋代张载提出的“儒者则因明至诚，因诚至明，故天人合一”表征了古贤不断探寻自然规律、追求天人和合的思想高度。

儒家主张的“天人合一”包涵不同层次的内容，不同哲学流派和哲学家个人对此也有不同解释，但这一理念的基本含义则是“万物一体”“天人相参”，强调人与自然具有内在统一性。张岱年先生认为，“天人合一”学说虽然渊源于先秦时期，而正式成为一种理论观点则是在汉代哲学与宋代哲学中。汉、宋哲学中的“天人合一”说主要有董仲舒、张载和二程等 3 种“天人合一”观。董仲舒讲“天人相类”“人副天数”，云“以类合之，天人一也”；张载讲“天人合一”“民胞物与”等；二程也讲天人合一，但以强调“天人本一”“万物一体”为主。3 者用语不同，其学说内容也不同，但他们都肯定“天”与人有统一的关系，这一点则是一致的。“天”是广大的自然，人是人类。人是“天”所生成的，是“天”的一部分。人与“天”不是敌对的关系，而是共存的关系。天人之间的“合一”，不是天与人主动相合，而是指人主动的与天相合，人参与宇宙进程，与宇宙秩序保持和谐，但不是把人的意志强加在自然之上。塔克尔指出：“儒家天、地、人三才同德有赖于三者浑然天成并且充满活力的交汇。不能与自然保持和谐、随顺它的奇妙变化，人类的社会和政府就会遭遇危险。”所以天人“合一”远不是一种静态的关系，而是一个不断更新的动态过程。

儒家提出“天人合一”思想，其目的一方面是为建立理想的人际关系做论证，顺应天德确立一种具有普遍性的人间伦理；另一方面，也是为了确立一种人与自然相依、顺应自然的伦理，使农业社会的经济发展持续稳定。儒家“天人合一”观的自然引申和合乎逻辑的结果就是我们今天所讲的环境伦理或生态伦理。产生于 20 世纪 70 年代的现代环境伦理学，其基本理念和主要核心理论都能在中国儒家哲学中找到思想渊源，儒家“天人合一”思想经过否定之否定的文化超越与现代环境伦理对接将会为建立一种健全的环境伦理学做出重要贡献。

我国传统文化中对人与自然之间的关系已经作出过质朴而凝练的阐述，深入探究了人与自然关系的本质，敬告人类活动要同自然环境和谐相处。

## 二、传统文化中的生态道德观：道法自然

“道法自然”即自然之道。道家哲学以自然主义为取向，“道”构成了道家哲学本体论和价值论范畴的核心概念。它涵盖了人际关系的领域和生态关系的领域。《老子》第25章说：“人法地，地法天，天法道，道法自然。”把自然法则看成宇宙万物和人类世界的最高法则。老子认为，自然法则不可违，人道必须顺应天道，人只能“效天法地”，将天之法则转化为人之准则。王弼注曰：“法谓法则也。人不违地，乃得安全，法地也。地不违天，乃得全载，法天也。天不违道，乃得全覆，法道也。道不违自然，乃得其性，法自然也。法自然者，在方法方，在圆法圆，于自然无违也。”他告诫人们不妄为、不强为、不乱为，顺其自然，因势利导地处理好人与自然的关系。道家认为，天地万物的发生同源于“道”。对此，《老子》42章提出，“道生一，一生二，二生三，三生万物。”而“道”产生万物是一个由于自身内在矛盾而出现的自然而然的过程。老子之后道家学派的最大代表庄子给“天”与“人”这对范畴下了一个明确的定义。《庄子·秋水》说：“牛马四足，是谓天；落（络）马首，穿牛鼻，是谓人。”这是用庄子所惯用的比喻手法下的定义，其含义鲜明而生动。在庄子看来，所谓“天”，是指事物的本性或本然状态。所谓“人”，专指人的那些有目的、有计划的活动或行为。

《老子》中谈到的自然有两层含义：一是宇宙万物本来的、先天的、不加任何人为因素的存在状态；二是世间万事万物应遵循的不以人类意志为转移的客观规律，这是最高的秩序和法则。既然自然不以人的意志为转移，人们就应该遵循而不能违背这个最高的自然法则；既然万事万物都有其本来的“面目”，那我们人类就应该尊重、顺应这个自然的状态，“辅万物之自然而不敢为”。尊重自然、回归自然，返璞归真，最终达到“合于道”的人生境界。

《庄子》继承并进一步发展了老子“尊重自然、回归自然”的思想旨趣。《庄子·达生》篇记载，鲁国的国君很喜欢一只鸟，喜欢得不得了，就想把最好的待遇给它。于是，“为具太牢以飨之，奏《九韶》以乐之”，可小鸟却并不领情，“鸟乃始忧悲眩视，不敢饮食。”最后，三日而死。这是“以己养养鸟”，违背了鸟的自然本性，反而害了鸟。

《庄子·应帝王》篇又讲了一个“浑沌开窍”的故事，倏与忽为报浑沌之德，为其“日开一窍”，想使其可以“视听食息”，开启“心智”。但浑沌却毫不领情，七日即死。鲁君养鸟、浑沌开窍这两则寓言鲜明地表达出道家学派崇尚“道法自

然”，反对把个人的主观愿望强加于客观事物的哲学观点。

不仅是鸟儿和混沌有其不可违背的“自然法则”，世间万物莫不如此。当然，物不同，其蕴含的“自然”也不同。《齐物论》中讲：人和不同的动物取食的对象不同，人吃家畜的肉，麋鹿吃草，猫头鹰吃老鼠，人、麋鹿、猫头鹰究竟谁的食物才是真正的美味呢？毛嫱和丽姬，是人们眼中的美女，可是鱼儿见了她们躲，鸟儿见了她们飞，究竟谁才懂得欣赏美呢？《庄子》讲述这些是间接阐述了“万物皆有其自然”的道理。无论是人类还是世间其他万事万物，都有其本来的自然法则。人类不能随心所欲地任意改变、破坏这种自然状态，而应尊重、顺应自然，回归自然。

人必须顺应自然。毫无疑问，人类已经超越了“鸟兽草木”普通生物对自然环境的被动接受，而具备了认识自然、改造自然的主观能动性。但是，与普通生物相比，无论人类已经实现了怎样的超越，都无法从根本上改变“人是自然的产物”这一根本点。人类的生存和普通生物一样，在任何时候都必须依赖于自然，人类对自然的改造（能动作用）也只能以认识并遵循自然界的客观规律为前提。对此，中国2000多年前的先觉者早有认识。老子说要“辅万物之自然而不敢为”（《老子》64章），庄子说要“旁日月，挟宇宙，为其吻合”（《庄子·齐物论》）。道家将这一宇宙自然形成的必然性、运行的规律性和人类必须遵循的法则称为“道”。取意于人要顺利到达目的地，必然沿道（路）而行，并告诫人类“孔德之容，惟道是从”（《老子》21章），“放德而行，循道而趋”（《庄子·天道》）。恩格斯也将人与自然的这种辩证关系恰当地诠释为：“我们连同我们的肉、血和头脑都是属于自然界和存在于自然界之中的；我们对自然界全部的统治力量，就在于我们比其他一切生物强，能够认识和正确运用自然规律。”

人必须遵循自然规律而不敢违。《管子》说：“人民鸟兽草木生物虽多，皆有均焉，而未尝变也，谓之则。”（《管子·七法》）《庄子》说：“天地有大美而不言，四时有成法而不议，万物有成理而不说。”（《庄子·知北游》）迄今为止，自然发展史已经告诉我们，自然界的产生和发展是自有其规律性的。从本原性上看，生于自然的人类无论如何都不可能超越自然规律的制约。事实证明，今天人们面临的环境问题，实际上是人类在改造自然过程中违背自然规律造成的结果。

“万物各得其和以生，各得其养以成。”尊重自然，追求人与自然的和谐是中华传统文化的重要价值取向。尊重自然的理念，强调了人类应当担负保护自然界以及其他生物的道德责任和义务，以仁慈之德包容与善待宇宙万物，体现出对人与自然关系的独特思考和生态智慧。

## 三、传统文化中的生态伦理观：敬畏生命

传统文化中的生态伦理观集中体现为对生命的敬畏和仁爱，这一思想尤以儒家为盛。儒家创始人孔子，从一开始便对天有一种很深的敬意。孔子说：“君子有三

畏：畏天命，畏大人，畏圣人之言。”（《论语·季氏篇》）理解孔子的天命思想，“天命”虽然是具有形而上意义的必然性，但还保留着“命令”的某些含义，具有目的性意义。天不是绝对的神，已经转变成具有生命意义和伦理价值的自然界。孔子说：“天何言哉，四时行焉，万物生焉，天何言哉。”（《论语·阳货篇》）“这里所说的天，就是自然界。四时运行，万物生长，这是天的基本功能，其中“生”字，明确肯定了自然界的生命意义。天之“生”与人的生命及其意义是密切相关的，人应当像对待天那样对待生命，对待一切事物。”① 孔子还说：“知者乐水，仁者乐山。”（《论语·雍也篇》）他把自然界的山、水和仁、智这种德性联系起来，这不是一种简单的比附，而是表达人的生命存在与自然存在有着内在关联。从孔子思想中透露出来的一个重要观念，就是对天即自然界有一种发自内心深处的尊敬与热爱。

孟子提出了“仁民爱物”命题。“仁民”是对人的同情仁爱，“爱物”则是爱护人之外的动植物等。宋明时期的哲学家以“万物一体”为仁学思想的核心内涵。张载提出了“民胞物与”的观念。程颢揭示“仁”的内涵：仁者，以天地万物为一体，莫非己也。《周子全书》中就说，“生，仁也”。“仁”是我国传统文化中的核心理念之一，也是传统社会赖以维系运转的重要根基，将万物生命一视同仁，也集中体现了我国传统文化生态伦理价值取向，即：“生”是自然规律，“仁”则是对待万物生命的正确方法论。《孟子·尽心上》：“亲亲而仁民，仁民而爱物。”就是说，不仅要爱护自己的同胞，而且要扩展到爱护各类动物、植物等自然生命。在儒家文化看来，“仁”这一社会根本纲常伦理规范所调控的并不仅限于人，而应推而广到万事万物，要“亲亲而仁民，仁民而爱物”，这样，生态伦理观才是合理有序的。

儒家的“仁民爱物”思想传达出的是对自然界生命一视同仁的普适价值和伦理关怀，道家思想也同样渗透出敬畏生命、关爱万物的深切人文沉思。道家代表人物老子在《道德经》中说：“生而不有，为而不恃，长而不宰。”更强调“衣养万物而不为主”，即告诫人们要善待万物，滋养其生长，要承担起人类对自然万物所应肩负的责任，但不能随意主宰万物的生命，这样才能够“若可托天下”。庄子将老子的敬畏生命、衣养万物思想进一步发扬，《庄子·秋水》中说“物无贵贱”，《庄子·天下》中说“泛爱万物，天地一体”，《庄子·让王》也因王为避免战争而能主动迁居对王加以推崇，“夫大王亶父可谓能尊生矣”，体现出道家先贤对生命的敬畏和关切。

董仲舒认为，儒家伦理不仅适用于人与人之间，而且也是天地之间的道德准则，同时也适用于整个自然界。他在《春秋繁露·仁义法》中说：“仁者，爱人之名也。”儒家“仁者爱人”思想的体现，是博大的爱，是推广的爱。统治者除了爱民，

① 蒙培元：《中国的天人合一哲学与可持续发展》，《中国哲学史》1998 年第 3 期。

还应该将仁爱之心扩大到自然界的鸟兽昆虫。“质于爱民，以下至于鸟兽昆虫莫不爱。不爱，奚足谓仁!”若只是爱护人类，不能将爱心扩展到鸟兽昆虫，那就不能称得上是真正的仁。在董仲舒之前的儒家思想当中，仁是伦理的核心，强调“仁者爱人”，但是，这种爱是有层次的，如孟子所说:“亲亲而仁民，仁民而爱物。”即先“亲亲”，再“仁民”，最后是“爱物”。爱的层次是逐级递减，强度也逐渐减弱。董仲舒将仁的范围扩大化，不仅爱人，还要爱鸟兽昆虫，否则“奚足谓仁”呢？仁者必须珍爱鸟兽昆虫，仁的范围扩展到了爱天地之间的万物。

董仲舒在《春秋繁露·五行顺逆》中说：如果人类将仁爱之心惠及草木，“则树木华美，而朱草生”；如果仁爱惠及鳞虫，“则鱼大为，鳣鲸不见，群龙下”。仁爱惠及于火，“则火顺人，而甘露降”；仁爱惠及羽虫，“则飞鸟大为，黄鹄出见，凤凰翔”；仁爱惠及倮虫，“则百姓亲附”；仁爱惠及毛虫，“则走兽大为，麒麟至”；仁爱惠及水，“则醴泉出”；惠及介虫，“则鼋鼍大为，灵龟出”。当人类将仁爱惠及万物时，就会出现安定祥和、欣欣向荣的景象，人类与自然界达到和谐统一。抛开迷信色彩，董仲舒的反复论证是要说明：以仁爱之心对待大自然，也必将得到大自然的回报。

道家尊重生命的思想主要表现在“好生恶杀”上，即珍惜生命、反对杀害、残害生命。《太平经》中说:“天道恶杀而好生，蠕动之属皆有知，无轻杀伤用之也。”道教尊重生命的思想不仅适用于人，也适用于“蠕动之属”，将对人类生命的尊重扩展到了对于所有动物的爱护。道教不仅对动物的生命表示尊重，而且对包括植物在内的一切生命都给予尊重。《太平经》说，万物来到世间，“皆能竟寿而实者，是也”；只要降临到世上，“不而竟其寿，无有信实者，非也”。万物只有“竟其寿”才算是真正意义上的生命。

道教还主张平等地对待万物。“天以真要道生物，乃下及六畜禽兽”。并进一步扩展，“四时五行，乃天地之真要道也，天地之神宝也，天地之藏气也”。六畜禽兽以及草木都是“真要道生物”，其生命应该受到平等地尊重和保护。它们都是经过阴阳之气中和而形成的，与人类一样，都希望生存而厌恶死亡。因为“天道恶杀而好生，蠕动之属皆有知”，所以“无轻杀伤用之也”。即使万不得已而需杀生，也应该做到“有可贼伤方化，须以成事，不得已乃后用之也”。一切有生命的东西都好生恶死，人类应该尊重它们的生命，不应该随便地去伤害它们。只有在不得已的情况下方可使用，但是应该特别注意不要伤害它们的幼体。“诸谷草木、行喘息蠕动”之类的生物，当然也包括“飞鸟步兽水中生”之类，它们“皆含元气”，当人们需要用它们“奉祀及自食”的时候，应该“但取作害者以自给”。对于那些“牛马骡驴不任用者”，可以用来“集共享食”。但是，切莫“杀任用者、少齿者”，因为这类动物“是天所行，神灵所仰也”。对于鸟兽虫鱼等野生动物，只能猎取那些危害人类的；而对于牛马骡驴等生产用畜，只能用取那些失去使用价值的，而且千万注意不要伤害幼畜。

《新书·谕诚》中讲了一个“网开三面”的故事：商汤有一次外出，见到一位捕鸟者，此人不仅在各个方向上都设置了鸟网，而且还说道：“希望天下四方的飞鸟都投进我的网里。”商汤认为此事不妥，于是对那个人说：“你千万别把天下四方的鸟儿都一网打尽呵！”并让捕鸟者撤掉三面的网，同时说道：“鸟儿啊，鸟儿，你们愿意向左飞就向左飞，愿意朝右飞就朝右飞吧，不听话的，就只好自投罗网吧。”

“劝君莫打枝头鸟，子在巢中望母归”的经典诗句更是表达了人类应善待动物，对一切生命的尊重。

从现代生态伦理视角审视，我国传统文化中提出的敬畏生命思想极具先进性和人文理性，其主张人的活动不能无故剥夺其他生命的生存权利和空间，正如老子所言，“道大、天大、地大、人亦大”，人只是自然界中的一分子，居于天地自然之间，作为一种更加高级的生命形态，人理应承担起爱护生命、维护自然生态的天赋使命。

## 四、传统文化中的生态发展观：取用有节

中华传统文化倡导“万物同源”，人类与万物具有同等内在价值，应一视同仁，和谐相处。先贤也告诉我们，人可以在尊重自然规律的基础上，合理地利用自然界中的事物谋求人类自身的发展，但务求做到取用有节，在向自然索取时要保护自然，避免涸泽而渔的短视行为。如孔子所讲“钓而不纲，弋不射宿”，孟子讲“斧斤以时入山林”，曾子讲“树木以时伐焉，禽兽以时杀焉”等，古人的这些生态智慧和当前我国大力倡导的可持续发展理念高度契合。

我国早在夏商周等朝代就制定了保护和管理山林的制度。周王朝林政较为发达，在中央设天宫冢宰和地官大司徒，下设“山虞”“林衡”等官吏。同时还制定了森林保护的政策和法令，《伐崇令》明文规定：“毋坏室，毋填井，毋伐树木，毋动六畜，有不如令者，死无赦。”这些都对保护森林起了很好的作用。春秋战国时期名相管仲为齐国制定了“以时禁发”的制度，“山林虽广，草木虽美，禁发必有时”，强调不能随意开采自然资源，而要顺应时序，尊重自然规律。管仲要求在发展国力的同时，一定要注重对自然资源的养护，这样才能实现国家长远的富庶强大；而一旦过度采伐，自然生态遭到破坏，那么国家发展也就无以为继。管子的思想既有历史价值也有现实意义，他将“取用有节”这一朴素的可持续发展生态观提升到了国家治理的高度，并为后世尊崇。孟子建议君王在“以民为本”治理国家时，要做到“不违农时”“数罟不入洿池”，荀子说向自然采伐要做到“不夭其生，不绝其长”。如果违逆自然规律，攫取无度，那么也会受到自然界的惩罚。

儒家认为，注意保护山林资源的持续存在和永续利用，是人类保护山林资源的出发点。孟子最先意识到破坏山林资源可能带来的不良生态后果，并概括出一个具

有普遍意义的生态学法则——物养互相消长的法则。《孟子·告子上》说："牛山之木尝美矣，以其郊于大国也，斧斤伐之，可以为美乎？是其日夜之所息，雨露之所润，非无萌蘖之生焉，牛羊又从而牧之。是以若彼濯濯也，人见其濯濯也，以为未尝有材焉，此岂山之性也哉？……故苟得其养，无物不长；苟失其养，无物不消。"儒家还看到了山林树木作为鸟兽栖息地的价值，"山林者，鸟兽之居也"。只有山林茂密、树木成荫的良好生态环境，才能为鸟兽提供生存的条件，"山树茂而禽兽归之""树成荫而众鸟息焉"；反之，则可能威胁到鸟兽的存在，"山林险则鸟兽去之"。儒家对山林和鸟兽的生态关联形成了这样一个认识："养长时，则六畜育；杀生时，则草木殖。"同时，儒家也看到了树木能净化环境、补充自身营养，提出了"树落粪本"的思想。不仅如此，儒家更为注重山林对于人类的价值，《孟子·梁惠王上》强调"斧斤以时入山林，材木不可胜用也"。基于这样的认识，儒家不仅提出了多识草木之名的要求，而且提出了"斧斤以时入山林"的保护山林对策，其出发点就在于保持林木的持续存在和永续利用。

我国在夏商周时代已形成了一些具有动物资源保护法意义的禁令。夏朝规定，"夏三月，川泽不入网略，以成鱼鳖之长"。周朝的规定更为详尽。据《逸周书·文传解》记载："川泽非时不入网罟，以成鱼鳖之长，不麛不卵，以成鸟兽之长。"《伐崇令》的规定则更为严格："毋动六畜……有不如令者，死无赦。"这些规定对保护动物资源起了很好的作用。在此基础上，儒家提出了保护动物资源的行为着眼于动物的持续存在和延续发展，使他们保持一定数量，这样，人们才能够永续地利用动物资源。保护动物资源要从几个方面采取措施。首先，从生态学意义上，要遵从动物的季节演替节律，严禁在育、哺乳的阶段捕捞宰杀。"昆虫未蛰，不以火田。""禽兽鱼鳖不中杀，不鬻于市。"总之，儒家从生态学、环境管理和环境经济三个方面提出了保护动物资源的措施，其中生态学是基础和核心，环境管理和环境经济都是围绕着"时"展开的。

我国很早就开始注意保护水资源，西周颁发的《伐崇令》明确规定"毋填井""有不如令者，死无赦"在此基础上，先秦思想家们提出了保护水资源的主张。儒家认为，水是人类生活重要的资源，人类须臾离不开水，这是人们保护水资源的根本出发点。遵从生态季节节律、合理利用水资源设施，是人们保护水资源应采取的措施。尽管水资源是"不穷"的，但各季节对水的需求量不同。春季为万物生长的季节，很需要水，但这时往往少雨，故在仲春之月"毋竭川泽，毋漉陂池"，即不能竭取流水，不能放下蓄水。同时，儒家认为人们的生活用水也要遵从"时"的要求，"食之以时，用之以礼，财不可胜用也"。这里的"食"就包括饮水。按"时"利用水资源，也是保证社会和睦稳定的重要基础，《礼记·王制》中描绘了一幅"无旷土，无游民，食节事时，民咸安其居，乐事劝功。尊君亲上，然后兴学"的图画，这其实已认同了包括水在内的自然资源在社会中的重要地位。不仅如此，儒家还要求人们善于利用和维护水资源设施，否则就会“井泥不食，旧井无禽”。这其实也讲了维护“井”的措施：要经常淘井，要修护和加固好井壁，不要毁井。这些反映出儒家保护水资源的思想具有很实际的人本学意义。

土地问题自古以来就是中国社会一个非常重要的问题。土地是农业最基本的生产资料和最重要的物质条件，保护土地资源就是保护人类生存的基础。我国夏商周3代就已形成了一系列保护土地资源的重要措施，传说中的“神农之禁”有“谨修地利”的规定；周代形成了严格的上地管理制度，设有“大司徒”“司书”“原师”“土方氏”“职方氏”“掌固”等专门管理上地资源的机构。在此基础上，古代思想家们提出了保护土地资源的主张。儒家认为，遵从生态学的季节节律是保护土地资源的基本措施。天是按“时”运行的，而地顺天，所以，地也必须顺“时”，要严格按照“时”的需要来保护土地资源。首先，禁止在夏冬两季利用土地资源，因为夏季是农作物的生长季节，使用土地会破坏农作物的生长；冬季是土地休闲的季节，冬季使用土地会使土地丧失掉持续利用的价值。《孟子·梁惠王》提出：“不违农时，谷不可胜食也。”其次，儒家保护土地资源的措施立足于生态学和民本主义社会历史观两个观点之上。儒家看到，若不按季节节律使用土地就会使“地气上泄”，致使“诸蛰则死”，破坏自然界的生态平衡；还会带来“民多流亡”“民心疾疫，又随以丧”的后果，破坏社会的稳定与和谐。另外，儒家还强调运用法律手段来保护土地。孟子要求将乱垦土地者绳之以“刑”。《孟子·离娄上》提出：“善战者服上刑，连诸侯者次之，辟草莱、任土地者次之。”但儒家并非一味地反对人们开发土地。《礼记·曲礼上》说：“地广大，荒而不治，此亦士之辱也。”这些主张客观上有助于人们保护土地资源，可以看作是儒家提出的运用法律手段保护土地资源的思想。

中华传统文化无不闪耀着人与自然同生共荣的生态智慧火花，时至今日先贤圣哲们的生态价值观仍然熠熠生辉。“一粥一饭，当思来之不易；半丝半缕，恒念物力维艰”，这些质朴睿智的自然观，至今仍给人们以深刻警示和启迪。现代社会，全球生态问题得到人类的广泛关注，中华传统文化中的生态智慧同我国当前可持续发展理念一脉相承，为我国生态文明建设提供了重要的理念指导和现实借鉴。

## 第二节　传统民俗中的生态文化

### 一、传统民俗中生态文化的表现形式

#### 1. 敬畏自然的传统生态文化

贵州高荡布依族相信万物皆有灵。高荡布依族崇拜自然，通过泛化的方式为自然万物赋予了灵魂，相信万物有灵，相信山有山神，树有树神，水有水神，它们可以保护村寨兴旺，风调雨顺，对神灵的冒犯可能会导致灾祸的发生。因此，对于山水草木等自然物都要保持敬畏之心，每当“三月三”“六月六”等传统节日，对于这些自然物的祭祀是必不可少的环节。对自然的崇拜，不仅表现在高荡布依族人逢年过节都会对山神、土地神等诸多神灵进行祭祀，更表现在他们对于护寨林以及护寨树的保护上。据说，高荡建寨之初，就由当地的摩公和寨老一起指定了几片森林作为高荡的护寨林，代代相传。当地人认为，护寨林的存在可以保佑高荡风调雨顺、人畜兴旺，因此，寨子里面一直都有保护周围森林的传统，对护寨林树木的砍伐会遭到村寨的惩罚。高荡的先民们未必能理解树木对于水源涵养的重要作用，但是对于护寨林的崇拜，客观上保护了当地的生态环境，维持了人与自然的和谐。风水林现象同样存在客家和其他少数民族地区。例如，客家人常常在路口、庭院、村落后山、寺庙以及坟墓周围等地方培育风水林，禁止民众破坏和砍伐，否则将遭到极为严厉的惩罚，轻则经济赔偿，重则驱赶离村。又如，拉祜族人会在村寨旁的树林中选定石块作为寨神，禁止他人砍伐树木，起着保护生态环境的作用。

敬畏自然的另一个表现是禁忌文化。禁忌是原始人群共同体在自然界和社会生产生活中形成的复杂的社会文化现象，禁忌关联着人与自然的生存关系，在客观上使人与自然的关系更加密切，保护了生态环境。高荡布依族人对于水的依赖和敬畏十分明显。相传高荡迁移到现在的位置，就是因为发现了水质更好的井水。高荡的农业用水主要依靠桫椤河水，而生活用水则主要依靠村寨中心唯一的一口井水，建寨至今，这口井水养育了无数高荡布依族人。每逢大年初一，高荡布依族人跨年第一件事情就是每家派一个青壮年去抢“水莲花”（井水的水泡），认为这是吉祥、幸福的象征，抢到的人家新年一切都会顺利。也正是因为对水的崇拜和敬畏，高荡也产生了许多关于水的禁忌习俗，如不能在水井里洗衣服，用过的污水不允许倒入井水中，严禁在井水里洗脚、大小便等，认为这样会亵渎了水中栖息的神灵，为村寨或个人带来灾祸。这些禁忌习俗虽然源自对水的自然崇拜，但是客观上保护了环境和水源不受破坏。在客家人的禁忌文化中，我们亦可看到不少有关敬畏自然的价值观念和思想。譬如，客家人不到开山的时候不能摘油茶、渔民在农历三、五日是不能开船捕鱼的。总之，民众通过对自然的敬畏，形成合理利用自然规律的行为方式，

有利于保护自然。

**2. 尊重自然的传统生态文化**

瑶族人林业发展的主要特点是将不同种类的树木放在一片树林里共同经营管理。这样就可以充分利用每种树木的优势，根系发达的树木会起到保持水土的作用，有丰富落叶的树木可以为树林提供天然的肥料，而且众多的落叶将树种盖在下边这样就减少了树种被各种野生动物吃掉的概率，因此第 2 年树苗的自然成活率就会得到保障。一片树林中往往会存在高低不同错落有致的各种树木，这主要是因为比较高大的树木会在风的吹动下帮助矮小的树木传播树种，这能够有效地提高树苗的成活率。在采伐树木时，瑶族人也遵循间伐的原则，砍伐掉一批成熟的树木就能够给其他的树木提供有效的发展空间。瑶族村规规定砍伐树木使用的工具只限于斧头，这是因为如果使用锯子等其他工具进行砍伐会直接破坏树干的结构。

林粮兼作是侗族特有的经济生活方式。侗族人在河谷和低山丘陵以水稻为生，地势较高的山坡地带生长着茂密的森林。林粮兼作有两层含义，一是侗族农民在低地处河谷种稻，高处山地育林；二是在林地里林粮间作。种植方法是，在育苗之前一二年种上麦和苞谷，“松土性，欲其易植也”。事实上，在幼树成长期，林地里仍然要种旱作。这样做的优点有：松土、深化土层，为幼苗成长提供了疏松的土壤，而且提高了土壤的肥力。林粮间作起了 3 个作用：招引专吃幼树害虫的益鸟；提高粮食产量。在这种方式下，幼林生长快，大大缩短了成材期。

侗族人田埂种豆也是侗家农业的一个传统。侗家修砌的田埂都比较宽。每年夏历 4 月初，人们便在田埂上每隔 1 尺左右挖一个小洞。先施基肥后点播黄豆再盖上土。待豆苗长到五六寸高时，把田埂里边的肥泥扶上田埂，逐莞培土作追肥。9 月黄豆熟了，成为侗家打油茶的好配料。龙胜的广南，平等一带，侗民们则在寨边的田埂上间种豆角。这既可增加新鲜蔬菜，豆类根瘤菌又可成为下一年的肥料。这样年复一年的轮番耕作，不仅稻田土壤得到改良，田埂泥土得到更新，而且使稻谷和豆类得到稳产和高产。瑶族所居住地区气候湿度较大，而茶叶具有祛除湿气的功效，因此瑶族地区的茶叶需求量较大。瑶族人民一般会在茶叶地里放养鸡群，鸡群以茶叶地里的杂草和害虫为食，茶叶树以鸡群的粪便为天然的肥料，这样的生产模式既节省了成本又收获了无公害无污染的产品。

侗族人在密植的茶园、果园、药园里还套种玉米、小麦、黄豆等农作物。在种桐树时多与茶树混种，桐树砍后茶树即成长起来，做到对土地资源的充分利用。稻田养鱼是侗族农民的悠久传统。侗族人爱吃鱼、养鱼。鱼类来源有稻田养鱼、池塘养鱼和溪河捕鱼 3 种。稻田养鱼，一般先在鱼将产卵时，将大叶藏或卷柏草放入鱼塘，使鱼卵沾满草上，取出铺于架上，盖上树枝以视水淋晒，然后再放入鱼塘，这样鱼的孵化率高，待鱼长大到近寸，即捞起放入稻田。秋后，待水稻成熟，鱼也肥大，便可食用了。用作水利灌溉的山塘、水库，侗族人也用来养鱼。一般选用养鱼的山塘，必须在春水来之前放掉水，晒干，丢进鱼草（即大叶截、卷柏草）待春水来再灌满，放入体壮的种鱼，任其交配产卵、孵化，按时投入饵料，过年便可捕来食用。

**3. 顺应自然的传统生态文化**

侗族人有食用昆虫的饮食习惯，这样不仅解决了稻田里的虫害问题，又丰富了食品种类，同时还避免了化学杀虫带来的环境污染问题。侗族人还发明了一套独特的食物加工储藏方法。由于糯米中含有肉类保鲜所需的乳酸菌，侗族人们独创性地把糯米和肉类同时储存，乳酸菌生长分泌的抗生素就可以有效地抑制腐败菌的生长，因而肉类就能得到较为长期的保存以供人们更加方便地食用，这很好地解决了肉类的储藏问题。侗族人还利用当地丰富的竹木资源制作了大量的保存糯米和肉食的储存工具，这样整个储藏过程都是纯天然无污染的，对人们的身体健康和环境保护都极为有利。

壮族人在挑选玉米种子时会筛掉干瘪或尺寸偏离正常大小的颗粒，把玉米种子和石灰搅拌在一起进行储存。为了提高玉米种子的成活率、减少病虫害的威胁，人们会在播撒玉米种子之前将其浸泡在加入了少量桐油的粪水中。为了增加玉米的保存时间，壮族人一般会把收获的玉米放在家中的烟囱上边进行晾晒，烟囱里面排出的烟不仅可以去掉玉米中的水分也可以防止各种虫害的发生。在适合水稻种植的有水地区，人们一般会把水稻种子提前浸泡在盐水中以防病虫害的发生，人们还会将上一茬收割水稻留下的稻壳点燃，由此生成的稻壳灰就地洒在水稻种子上形成天然无公害的有机肥料，秧苗经过这两道程序之后往往长势良好，这给以后稻子的成长和丰收打下了良好的基础。

侗族人就地取材选用当地盛产的木头和竹子等制作各种纺纱工具，在纺织工具的表面涂上当地特产的侗油来防止其被昆虫破坏或被雨水打湿，从而可以达到取材方便、成本低且可长期使用的效果。当地湿热的气候导致人们在劳作的时候容易沾上植物的水汽，所以侗族人发明了给衣服上浆的方法，衣服经过上浆的处理之后就会具有防水的功效，从而极大地方便了侗族人民的生产生活。

土家族人的草鞋分多种用途，有用于栽种水稻的草鞋，还有兼具药效的苘麻草鞋。

苗族服饰选用的制衣原材料都是自己种植的棉、麻等，用来给衣服染色的原料也多取自自然，主要包括枫蜡和蓝靛草。枫蜡是苗族人利用枫树上的树汁和牛油共同加工制成。他们还广泛种植蓝靛草作为染色的原料，当地的土质和湿热的气候环境有利于蓝靛草的生长，且用蓝靛草来制作燃料产生的废料废水对环境无任何污染，因而广泛受到当地人的传承和喜爱。

**4. 保护自然的传统生态文化**

草原民族游牧的生产、生活方式是以不破坏自然生态环境为前提，实行四季轮牧，季节内小区轮牧的。牧人驱赶畜群只让采食草尖，刺激牧草再生，植物枯枝落叶和动物排泄物又回到土壤，实现了无废物生产，促进了草原上的物质循环和能量转化的加速。为适应游牧生产方式，居住的设计简便、易动，并且对草原植被破坏小。作为游牧业补充的狩猎，草原民族规定了禁猎区、禁猎期和禁猎种类，有效地保护了野生动物种群。这种游牧经济完全靠自然，它的操作规程完全按照自然法则进行，依赖生态环境、气候条件的变化和植被、水源的承载能力进行调解。而不稳定性或脆弱性是频繁发生的自然灾害必然引起的结果，在抗衡自然灾害能力较弱、预测天气变化技术较落后的情况下，适应自然是唯一的明智选择。所以，早期的游牧经济就是适应自然的生态经济，它在意识领域中的反应就是生态经济观、生态伦理观和生态哲学观。

北方草原民族保护草场的观念非常强，在生产实践中，草原民族认识到要确保草场茂盛和肥美，就要做好土壤的保护工作。因此，草原民族从日常生活到生产劳动的整个过程中都非常重视土壤的保护。草原民族尊称大地为“万物之母”，忌破坏土壤。在清明前禁止动土，在游牧过程中，搬迁宿营地时要把挖下的灶坑填平，搬家时要清理旧址。同时，也要把拴马桩或棚圈立柱留下的坑埋好填平等。蒙古族民歌中所唱的“只要是梧桐树的根子它就会生长，只要是优秀的子孙他们就能成才”，赞词中说到“蓝天以白云衔接，大地以根系衔接”，诸如此类表现蒙古族思想情感的诗歌中都有崇敬土地的内容，更不用说那些在日常生产、生活中形成的诸多的习俗了。这些风俗习惯充分说明保护土壤的意识已经成为草原民族生态观的重要组成部分，并在日常的生产、生活中得到了具体的落实。

侗族地区林木繁茂，侗族人生于万山丛中，植树造林，封山育林，爱林护林蔚然成风。侗族人根据树木种植地理位置的不同，分别称为护寨林、寺庙林、桥头林和祭祀林等。侗族人爱护树种，一发现如银杏、翠柏、紫檀等珍稀树种的幼苗，不论老人或小孩，都会主动将树苗周围的杂草割除，并用一束草在树上打结做标记，人们就会主动爱护，谁破坏便被视为不道德而受到谴责。对于那些快要枯朽的古树，大家自觉不去砍伐，连掉下来的枯枝也不要。若是小孩不懂事拿来烧，大人就会叫他们退还原处。树苗长大，有人会主动在树下安石凳，供来往行人乘凉休息。一些公共林地，侗族人都主动出工蒋修。许多侗寨都流行营造儿孙林的习俗。侗族民间流传着一首歌谣唱道:“十八杉，十八杉，姑娘生下就栽它。姑娘长到十八岁，跟随姑娘到婆家。”每当有人家生了孩子，长辈亲人都要上山为孩子种几十、上百株杉树，让树木与孩子一同成长。待孩子长大成人，杉树也长大成林，称为“十八杉”或“女儿杉”。

瑶族人民对于石头缝中的林木也不允许随意砍伐，经过人们的长期保护之后，这些树木可以起到保持水土的作用，并有效降低林木所在山地的温度。为了使树木得以再生，当地民众在砍伐树木时一般会用斧头让树墩呈堆形的形状，以免树墩积水而腐烂不能再生，在栽种树苗的时候也会把种树的土坑填埋成一个堆形，以防止树坑里面蓄满积水从而影响树苗的成长。当地湿热的气候导致林中的杂草迅速生长，杂草的存在剥夺了林木生长的养分和生存空间，为了避免杂草影响到林木的生长，当地民众一般会定期除掉林中的杂草。在除掉杂草时，瑶族人民会把杂草的根部保留以继续发挥其保持水土的作用，这样保证了该片林木的土壤结构不被扰乱，其根部腐烂掉之后也能成为林木生长的天然肥料。当地民众在除草时使用的是钝形的砍刀，这种砍刀不仅可以避免搅动地表的土壤，也有效地防止了其在清除杂草的过程中对树木的伤害。

**5. 和谐共处的传统生态文化**

和谐共处的观念首先体现在人与人之间。在客家地区，我们常常能听到“大伯”“叔叔”“老弟”“哥哥”“嫂嫂”“姐姐”等称呼，而少有听到他们直呼对方的名字，甚至对外姓人也是如此。这是客家人在长期的人际交往中形成的和谐之风，具体体现在以下 3 个方面。一是注重“孝悌”观念。每姓族谱的家训里必强调孝敬父母，如新修的《大余新城李氏族谱》:“父母是吾身之本，少而鞠育，长而教训，其恩如天地。不孝父母，是得罪于天，无所祷也。凡我族人，切不可失养失敬，以乖在伦。”客家人除了侍奉父母后半生之外，父母死后还必须举行非常隆重的丧葬礼仪。丧礼在客家地区非常盛行，如同治《于都县志》记载:“雩俗，佳者昏（婚）礼，而不佳者莫过于丧礼。”二是与同宗、乡里和睦共处。兄弟之间与同宗之间的关系历来难处理，如果他们之间的关系不和，势必影响其家族的势力。对此，客家地区的祖先们早有警觉，所以嘱咐后代：在兄弟之间务必情同手足。如《赣县夏府李氏族谱》记载:“兄弟吾身之依，生则同胞，居则同巢，如手如脚。不和兄弟，是伤残手足，难为人类。凡我族人，切不可争产争财，以伤骨肉。”三是热情好客。客家人不仅对亲戚邻里非常热情，对外地人也十分好客。“来者便是客”，客家人以好客为荣，每走进一家必是倒茶装米果，招呼吃饭。对于尊贵的远客，客家人更是尊敬，他们一般奉请客人上座，若是新客，则必煮一碗酒酿蛋，待其吃完后，再吃正餐。

和谐共处的观念还体现在人与动物之间。壮族人民认为碰见喜鹊是吉祥如意的象征，燕子是一种可以吃掉稻田里害虫的益鸟，因此人们不可以伤害和食用这两种鸟类。人们的生产离不开耕牛，它是壮族群众稻田耕作的好帮手，因此壮民是不允许食用耕牛的。另外虽然在壮民居住地区经常出现蛇，但是人们只会驱赶蛇离开而不会伤害和食用它们。壮族人民在平时的生活中严格遵守这种饮食禁忌，因为他们认为一旦违反了这些禁忌就会妨碍稻子的生长和人们的身体健康。一些乡规民约规定，对于可以产蛋的家禽和野生鸟类，在日常生活中壮族群众只能捡拾它们的蛋用来食用而不可以进行捕猎。对于人们通常认为是不吉利的或者是比较打扰人类的鸟类等动物，如乌鸦，壮民也只是驱赶它们到离村寨远一些的地方去而不会直接捕杀它们。瑶族人民因为崇拜狗而禁止食用狗肉。对于可以捕抓老鼠的动物也是不允许人们食用的，瑶族人民认为保护它们其实就在无形中减轻了老鼠的危害。

客家人认为自然万物与人类一样，都是有灵性的。客家人长期生活在农耕社会状态，由于大部分是山地，梯田多、垌田少，牛成为耕作的主力，“牛是农家宝，耕作少不了”，这就形成了人们尊牛的习俗。每年的正月初五，在赣南客家地区既是传说中的五谷神生日，也是六畜中的牛日，这天不准杀牛，也不准鞭牛，甚至不准骂牛，清明节还被当作牛的生日，喂牛以生油、米粥、鸡蛋等，祈牛健康。初春时期，在天寒时期，牛在耕地时，人们会给它穿上蓑衣等遮雨挡寒。有时，客家人还视牛为“恩德朋友”，役使的耕牛是不能杀的，养户不忍看其死，要么卖掉，要么让它老死。在赣南客家地区，一直流传着关于“麂子报恩救主”的故事。传说有一天一麂子遭人捕杀，结果闯入一户农家夫妇的家中，这对夫妇帮它度过了杀劫，不久，遇到大雨天气，这一对农家夫妇的房子即将被冲垮，而他们的孩子还在屋内，就在万分时刻，麂子用自己的生命换来了他们孩子的平安。所以，对于走入家中的山羊、麂、獐等他们都不会捕杀，一律放生。据《赣县志》记载，新中国成立后，山区乡、村订有乡规民约，禁止捕猎稀有兽、禽。同时，在赣南客家地区，人们认为早晨听闻喜鹊的叫声多半是喜兆，往往这类鸟也不会被捕杀，它们被赋予了一种神明的使命。

侗族民间喜好动物，人们一直把鸟雀看成人类的朋友和吉祥幸福的化身，侗族人爱鸟如宝，养鸟成风。他们在房前屋后种上风景树和果木，为鸟雀营造栖息繁殖的场所，让它们飞来做窝。每年春天，燕子飞到侗家，不管到谁家落户，都认为是吉祥的兆头。大人再三叮嘱小孩，不要乱掏燕窝，因为他们相信是燕子衔来了树种和谷种。侗乡爱鸟，鸟也爱侗家，村中山寨成了鸟的乐园。无论走到何处，都能听到悦耳的鸟鸣声，使侗乡处处充满了生机。不但生活中如此生产中也表现出与自然为友的态度。以狩猎为例，侗族人在上山围猎时，祭过山神后，要对山神交代：“大家是上山跟野兽哥儿们玩的。”放枪打猎时要说：“放礼炮请牛哥、猪弟、羊儿们出来玩。”抬猎物回家时又要说：“用轿子抬它们去我们寨上做客。”

## 二、传统生态文化的当代价值

传统生态文化的形成具有地域性和文化性，包含着当地民众在长期生产生活实践中所积累的生态智慧，对当地生态环境的保护、实现人与自然和谐共处的目标起到了十分积极的作用，在乡村振兴国家战略实施的大背景下，在生态文明建设的重大历史机遇期，重新审视传统生态民俗的生态价值，探索具有地域性、特殊性的生态保护方法与模式，具有十分重大的现实意义。

### 1. 传统生态文化是构建具有地域性生态系统的基础

人们在长期的生产生活以及社会治理中基于地方与文化特色所形成的传统文化

体系，具有相对的稳定性与持久性，能够在地方社会中被长期地习得、传播与实践。传统生态文化的产生与其自然生态环境是一个双向影响的过程，传统生态文化在长期的历史积淀中，通过文化模式规范制约人们的生活方式，实现当地知识文化与环境的彼此制衡，相互适应，构建具有地域性、独特性的生态系统，最终保持和谐共生的状态。

**2. 通过传统生态文化的研究推动生态文明建设是时代的需求**

正如习近平总书记所说："要加强生态文明建设，牢固树立绿水青山就是金山银山的理念，形成绿色发展方式和生活方式。"一方面，对当地传统生态文化的研究及其生态文化价值，以及与生态环境的内在联系的挖掘和分析，对推动我国生态文明建设迈上新台阶有着积极意义；另一方面，传统生态文化由于其自身特色与规律，曾经或仍然对当地的生态产生着积极的作用，系统、全面地进行挖掘和研究，有利于今天实现当地传统生态文化的创造性转化与创新性应用。

**3. 传统生态文化是中国生态文明建设离不开的传统文化基因**

传统生态文化中蕴含着丰富的生态智慧和经过长期实践检验积累形成的生态维护经验与技能，虽然有学者在对传统生态文化进行研究，但多局限于对一些典型案例的分析，很少有人进行系统的挖掘和整理，鲜见对传统生态文化的结构和功能的研究。从实践层面上看，政府部门在生态文明建设中仍然侧重于技术等手段，传统生态文化并没有引起政府的充分重视。在高新科学技术知识被弘扬的今天，当地民众自身也意识不到他们所熟悉的传统生态文化中所蕴含的生态价值与意义。传统生态文化在当地具有广泛的群众基础，容易被接受。重视传统生态文化的生态价值，将传统生态文化与生态文明建设技术手段相结合，是实现乡村生态文明建设行之有效的方法。

## 三、传统生态文化的传承路径

**1. 主动适应新时代是传统生态民俗传承与发展的关键**

传统生态文化有消极的部分，也有节奏慢、无法契合如今快时代的部分。但是，这些传统文化是祖先留给我们的、能够增进人与自然之间的和谐，增强人与人之间的凝聚力，是我们精神之根。正如习近平总书记所说："在五千多年文明发展中孕育的中华优秀传统文化……积淀着中华民族最深沉的精神追求，代表着中华民族独特的精神标识。"那么我们应如何面对这些传统文化，这方面，习近平总书记启示我们："当前，社会上思想活跃、观念碰撞，互联网等新技术新媒介日新月异，我们要审时度势、因势利导，创新内容和载体，改进方式和方法。"传统生态文化最关键还是要主动适应这个新时代的发展要求，进而觅得生机。一是要摈弃传统生态文化消极的部分，包括过于强调自然崇拜对人的作用等一些不符合时代潮流的部分。

二是要让传统生态文化回归生活，使其“活起来”。一方面，地方可以精心建设多个旅游示范点，借助网络技术，创新内容和载体，改进方式和方法，如建立微信公众号，通过民众及游客宣传，并广泛发动更多有志于文化工作的有识之士加入进来；另一方面，保护传承人，不断提高相关从业人员的生活水平，提高其社会地位，建立传承人保护机制，探索传统生态文化精髓与当代人们喜闻乐见相结合的模式，不断健全和完善政策激励与保护体系。

**2. 加强传统生态文化的宣传与教育工作，提升人们对故土的情感认同**

习近平总书记指出:“社会主义核心价值观，包括中华优秀传统文化，只有被普遍理解和接受，才能为人们自觉遵守奉行。要通过教育引导、舆论宣传、文化熏陶、实践养成、制度保障等，使社会主义核心价值观内化为人们的精神追求，外化为人们的自觉行动。”具体到传统生态文化，也应响应习总书记的号召，加强宣传与教育，努力使其“外化于行”：一方面，要加强对传统生态文化教育课程设置、教材编写及师资培训的支持与投入力度，以充实和夯实传统生态文化课程教育的后备力量和基础。地方可邀请一些富有威望的、对本地传统生态文化颇有了解的中老年人，定期组织他们进社区、校园，介绍富有特色的传统生态文化，进而增进民众对自身乡土的情感认同。另一方面，要使“内部课堂教育”和“外部实践教育”相结合，注重教育的理论与实践相结合。传统生态文化的传承基础是青少年，只有青少年充分感受到传统生态文化的魅力，才能主动参与到其传承与发展中来。因此，地方要在以学校为主要载体的理论课堂上，适当加入当地特色的生态文化教育内容；同时在外部实践中要求老师更加注重让学生接触身边的事物，亲近自然。如免费组织中小学生到特色古村落、特色生态小镇、非遗示范点游览、参观，老师要在这过程中注重传授经验和感性层面的、与自然生活紧密相关的知识，从而提升中小学生对传统生态文化的学习热情和了解。

**3. 发挥政府主导作用，全方位促进传统生态文化的传承与发展**

用培育和弘扬社会主义核心价值观，不仅要靠思想教育、实践养成，而且要用体制机制来保障。作为地方工作的统领者、体制机制的创设者，政府应当通过政策机制和实际行动，把传统生态文化积极融入改革取向、政策制定和制度安排之中，融入学校、家庭及个人之中。因此，首先在政策机制方面，政府应大力推动生态文化建设制度、生态文化保护制度、生态文化教育与传播机制、生态文化大众参与机制、生态文化激励机制、生态文化作用成效的评估与考核机制等政策机制，努力在地方营造一个倡导、维护并赞赏生态文化的社会环境，让传统生态文化的传承与发展处在一个良性机制中运行。其次，在实际行动方面，政府要在财力上尽可能拨出专项资金进行传统生态文化建设，同时向上级政府申请资金支持，还要以灵活的方式吸纳民间资本参与生态项目运营。另外，政府要帮助地方非遗传承人、社会民众、民间组织等，打造传统生态文化研究协会或教育基地等。

**4. 充分发挥各方力量，共同致力于传统生态文化的传承与发展**

生态文化的传承与发展是一个牵涉各方的系统工程，需要各方参与。正如习近平总书记在进行“文化遗产日”调研时说:“要积极引导、鼓励社会力量参与文化遗产的保护……引导民间资金进入文化遗产的保护和开发。要完善文化遗产保护的专家咨询制度、公众舆论监督制度，充分发挥学术单位的作用，共同开展保护工作。”首先，地方要专门成立传统生态文化发展协会，以挖掘和保护当地生态文化为使命，组织多样化的活动。其次，地方科研机构要发挥科研的基础作用，成立地方传统生态文化研究基地，对当地生态文化传承与发展的难点和重点做深入挖掘与研究，并及时反馈科研成果，以促进文化更好地传承与发展。再次，地方新闻媒体需要承担起宣传和弘扬当地传统生态文化的责任，既要充分利用电视、广播、报纸等传统媒体，更要大力加强微博、微信公众号、短视频等新媒体技术进行广泛宣传，不断“曝光”传统生态文化有利于人与自然、人与人、人与社会和谐的因素，大力增强其影响力。

总之，传统生态文化的传承与发展既要发挥政府、民间文化组织、新媒体、科研机构等社会主体的力量，又要调动民间资本及社会公众的积极性。同时要对其进行深入研究并结合时代特征在内容与形式上对其进行扬弃，进而迎合生态文明新时代对文化发展的要求，发挥其独特魅力。

# 第三节　生态美学与生态文明

## 一、生态美学的产生发展与寓意

### （一）生态美学的含义

生态美学是生态学与美学的有机结合，实际上是从生态学的方向研究美学问题，将生态学的重要观点吸收到美学之中，从而形成一宗好难过崭新的美学理论形态。生态美学包括人与自然、社会及人自身的生态审美关系，是一种符合生态规律的当代存在论美学。

### （二）生态美学的产生与发展

生态美学于20世纪90年代中期被提出，它是一种包含生态维度的当代存在主义。它是美学学科相较于其本身的一种新的发展、新的延伸和新的超越。生态美学立足于生态学的思维模式，并入美学领域，从而创新出一种新的美学理论形态，满足社会发展的需要。

对工业文明的反思与对文化的超越是生态美学产生的背景。人类社会经历了原始时代、农业时代、工业时代。20世纪中叶以来，在工业时代的大背景下人类坐享现代化发展所赋予的物质成就，同时意识到生态环境的损害将会带给人类前所未有的灾难。所以生态文明作为一类新的文明形态，就在人们对工业文明的反思，对当时文化的超越背景下产生了。人们开始怀疑人类中心主义，开始思考非人类中心主义是否正确，为了寻找生态与环境之间合理建构的路径，自然科学与人文科学相结合，形成了许多综合学科，如生态伦理学、生态经济学、生态美学等。

生态美学作为适应社会发展需要的美学理论的一种新形式，与以往的美学理论相比，具有独特的理论特征。

首先，生态美学是传统文化与现代思维碰撞与激活的重要理论形式。中国传统文化蕴含着丰富的生态美学。

其次，生态美学已经建立了完整的价值系统。传统的价值系统以人类中心主义为根本。文化价值是这一价值体系中的重要因素。而传统的文化价值意义则往往昭示了人与自然的对抗，甚至还包括人类对自然的征服，缺乏自然价值的内容。这就使人类对自然的破坏更为激烈，暴露了人与自然的根本矛盾。生态美学所注重的对于美的宣扬，这里所谓的美不只是包含人本身的美，还包括自然世界所散发出来的美。因为人类的发展，在自然价值的基础上创造文化价值，在文化价值与自然价值的相互作用、相互渗透、相互转化的过程中，发展人类的历史和自然界的历史，创造新的世界，我们不仅要承认自然价值，而且要保护自然价值。

最后，生态美学实现了理论与现实的统一。传统美学理论也强调理论与实际相结合，但不完全、不彻底。传统美学理论与客观现实之间存在着巨大隔阂。而生态美学是在客观现实的基础上产生的。

### （三）生态美学的寓意

生态美学包含着两个维度的内涵。首先将人类目前的生存现状放置于哲学美学的领域来进行剖析；其次将人类所处的生存境况至于体验美学的视角来进行深入探究。

生态美学也不仅仅是研究人与自然的关系，它是研究人类与整个生态环境的关系，也就是说生态美学研究的中心问题是人类生态环境问题。

#### 1. 以生态系统为主要审视对象

虽然人与自然的审美关系是最原始和最基本的审美关系，但在原始文明和农耕文明阶段，自然生态完整，人与自然关系基本和谐，只是到了工业文明阶段，环境污染，生态恶化，人与自然矛盾凸显，生态美学逐步为人们所认识和关注。徜徉在大自然之中本是一件平凡之事，在工业文明社会中竟然成为人们追求和向往的一种审美理想和奢侈。而美学增加生态维度，不但大大拓宽美的视野，也使艺术的审美更生活化，更符合人类在当下的需求。

#### 2. 呈现生态的审美主题

传统美学总是从人类中心主义立场和观点出发，因而拒斥自然生态美，或者把自然美的呈现只是作为显现人的本质力量的一种陪衬，或者以“人化自然”来概括自然美学。这就是说，在传统的美学所显现的自然美主要指经人类改造和加工的自然物，且这种美的显现主要在景观方面。生态美学认为，呈现以生态为主体以生态过程为主线是生态美学责无旁贷的和应当努力实现的责任。因为在生态美学看来，自然生态才是审美最主要和最基本的对象，自然生态过程才是审美最重要和最本质的内容。

## 二、生态审美与生态美学作品赏析

### （一）国画的生态美学解读

中国作为文明古国，其文化、艺术与审美观念上一直以“究天人之际”为目标。这其中不仅蕴涵着丰富的古典生态审美智慧，而且也有着不同于西方美学与艺术的形态。这一点在中国传统绘画即国画中有着明显的体现。

#### 1. 国画是一种中国特有的“自然生态艺术”

西画发展并成熟于文艺复兴与启蒙时期，与工业革命紧密相关，从工具、颜料到著名的“镜子说”的创作原则都充分地说明了这一点。而国画由于产生发展并成熟于自然经济条件之下，所以是距离自然最近的一种艺术门类。

国画使用的工具，即“文房四宝”笔墨纸砚，都是自然的物品，不同于西画的人工制品的画笔与化学颜料。笔是由羊、兔、狼等动物毛发制成的毛笔，墨由松烟、油烟制成，纸则是开始使用的绢与后来的宣纸，砚也是由自然的崖石与泥土构成，所用的其他颜料也是天然矿物质与植物之天然颜色。

从艺术创作原则来说，国画力主一种“自然”的艺术原则。“古人之作画也，以笔之动而为阳，以墨之动而为静而为阴。以笔取气为阳，以笔生彩为阴。体阴阳以用笔墨，故每一画成，大而丘壑位置，小而树木沙石，无一笔不精当，无一点不生动。”唐岱《绘事发微》这句话告诉我们，所谓“自然”即为中国古代所力主的天地万物由阴阳、乾坤两气激荡交感而成的自然规律，即古之“道”也。

图 3-1　苏轼（宋）《木石图》

国画基本上依靠动与静、笔与墨、浓与淡、墨与彩以及画与白等对立双方交互统一而表现出艺术的力量。例如，宋代著名文学家苏轼的《木石图》，就是极为简洁的枯树一株与顽石一块，画面是大量的空白，但却通过这种画与白、石与树以及笔与墨的自然形态的对比表现了文人的傲然挺立的精神气质。相反，西画则是一种诉诸科学的画法。正如欧洲文艺复兴时期绘画大家达·芬奇所说："绘画乃是科学和大自然的合法女儿。""美感完全建立在各部分之间神圣的比例关系上，各特征必须同时作用，才能产生使观者往往如醉如痴的和谐比例。"达·芬奇的名作《最后的晚餐》就是这种和谐比例的典范：整幅画以镇静自若的耶稣为中心，分左右两列展开各个使徒，透视集中，比例对称，表情各异，充分表现了文艺复兴时期一种特有的惩恶扬善、拯救民众的人文精神。

图 3-2　达·芬奇的名作《最后的晚餐》

**2. “国画”的“散点透视法”**

在绘画的透视上，“国画”运用特有的异于西方“人类中心主义焦点透视”的“散点透视法”。

“透视”为绘画中的视角，反映了一种基本的艺术观念。西画均采用“焦点透视法”，又称“远近法”。这是以画家的固定的视角为出发点，根据物体在视网膜上形成的近大远小，近实远虚的现象进行绘画的方法。这种“焦点透视法”实际上是一种以科学的光学理论与几何学理论为指导的绘画创作方法，为达·芬奇所极力推崇。

图 3-3 张择端（宋）《清明上河图》局部

“国画”所采取的“散点透视法”则与“焦点透视法”是不一样的。这是一种“景随人迁，人随景移，步步可观”的绘画方法，创造了画面上的多视角，使得远近之地、阴阳之面，甚至里外之物均有得到显现的机会。中国传统画论对这种方法的表述之一就是“三远法”。画面中则出现了多个视角，远近、高低、阴阳、向背、里外等各个侧面均获得了展示的机会，这在很大程度上是与西画中的科学主义与人类中心主义相悖的，但也增强了绘画艺术的表现力量。所以，就出现了人类绘画史上少有的表现描绘整个城市生活与整条河流的长卷。例如，宋代张择端的著名的《清明上河图》，纵 20.8 厘米，横 528.7 厘米，反映了宋代末年京城汴京清明时节汴河两岸的风光与生活场景，涉及风土人情、民间习俗、房屋桥梁、船运车马、肩担人挑以及行医算命、和尚道士、贩夫走卒、车夫轿夫、船工商人、男女老幼，三教九流，共计 550 多人，牲畜 50~60 匹，马车 20 多辆，船只 20 多艘，房屋 30 多组。人物繁多，场面宏大。只有采取散点透视或移动透视的方法，才能艺术地反映如此宏阔的场景，所有汴河两岸的人物场景都在这种散点透视中获得了平等表现的权利。

**3. “国画”“气韵生动”的重要美学原则是将大自然作为有生命的灵性之物加以描绘**

中国古代哲学认为，“天地与我并生，而万物与我为一”，也就是说在中国古人看来自然万物与人一样都是有生命的。在“国画”创作中同样如此。在画家眼中自然界的山山水水与人是有共同性的，他们在观察山的四时变化时是将其与人加以比较的。这就是著名的“春山艳冶而如笑，夏山苍翠而如滴，秋山明净而如洗，冬山惨淡而如睡”。这里将四个季节之山以人的笑、眼泪的滴、严肃的洗与安静的睡加以形容比喻，说明在画中要将四季之山画成人的四种不同的生命形态。最重要的是中国古代画论提出了“国画”最基本的要求——“气韵生动”。谢赫在著名的《古画品录》中指出：“六法者何？一气韵生动是也，二骨法用笔是也，三应物象形是也，四随类赋形是也，五经营位置是也，六传移模写是也。”现代美学家、哲学家宗白华先生说：“中国画的主题‘气韵生动’，就是‘生命的节奏’或‘有节奏的生命’。”

**图 3-4　齐白石《虾图》**

因此“国画”并不苛求艺术的形似，但却追求艺术的神似，艺术的神似即是要做到生命气韵。最重要的在于要表现出大自然生命力的根本“天地之真气也”，也就是要表现出自然万物的神韵。齐白石画虾，经过长期的观察体悟，以其“为万虫写照，为百鸟张神”的精神，画出了旷世杰作《虾图》——一个个活灵活现，充满生命力地跃然纸上，有着不同的旨趣，追求着一种勃勃的生命力量。

**4.“国画”特有的“外师造化，中得心源”的创作原则来源于中国古代生态智慧“天人合一”的思想**

“国画”最基本的创作原则是唐代画家张璪提出的“外师造化，中得心源”。这是非常重要的具有中国特色的艺术创作理论，与中国古代“天人合一”思想是完全一致的。这里所谓的“天”包含的内容极为丰富，有自然之物之意，也有自然之

图 3-5 徐渭（明）《杂花图》局部（菊花）

物内在的体貌与神韵之意，甚至有宇宙的运行等；这里的所谓“人”，当然是“天地人”之人，“人文”之人，也包含人对外物的观察的心得与体悟，内在的精神气韵等。而两者的相交应该是符合《周易》之中的“上下交而志同也”“上下不交而天下无邦也”“正位居体”“美在其中”等“中和之美”的精神。宋代罗大经《鹤林玉露》记述了李伯时画马与曾云巢画草虫的故事。李伯时为了画好马，“终日纵观御马，至不暇与客谈。积精储神，赏其神骏，久之则胸中有全马矣。信意落笔，自尔超妙”。黄庭坚诗云：“李侯画马亦画肉，下笔生马如破竹。”罗大经认为，“‘生’字下得最妙。胸有全马，故自笔端而生”。这里说李伯时由于终日纵观御马，赏其神骏，胸有全马。所以，信意落笔，自而超妙，画马亦画肉，下笔生马如破竹。在这里，御马、纵观、神骏、全马与生马等完全统一在一起。经过这样的创作过程，创作的作品就是天人的统一，神似与形似的统一，渗透出一种少有的神韵。例如，明代徐渭的《杂花图》，图中将牡丹、石榴、梧桐、菊花、南瓜、扁豆、葡萄、芭蕉、梅花、水仙和竹等各种花卉与植物一气呵成，形成“不求形似求生韵”的效果。

**5.“国画”所追求的“可行、可望、可游、可居”的艺术目标符合人与自然和谐的精神**

“国画”没有仅仅将自然景观作为人们观赏的对象，而是进一步拉近人与自然的关系，将自然变成与人密切相关的可亲之物，甚至进一步使之进入人的生活世界。这就是著名的“可观、可居、可游”之说。宋代郭熙在《林泉高致》中说道：“世之笃论，谓山水有可行者，有可望者，有可游者，有可居者。画凡至此，皆入妙品。

图 3-6　王希孟（北宋）《千里江山图》局部

但可行可望，不如可居可游之为得。何者？观今山川，地占数百里，可游可居之处，十无三四。而必取可居可游之品，故画者，当以此意造，而鉴者又当以此意穷之。此之谓不失其本意。”创作的本意之一并不在单纯的艺术鉴赏，而且还在于创造一种与人的生活世界紧密相关的自然景观。这是一种中国式的山水花鸟画的观念，自然外物不是外在于人的，而是与人处于一种机缘性的关系之中，成为人的生活的组成部分。例如，宋代著名青年画家王希孟所作《千里江山图》，纵 51.3 厘米，横 1188 厘米，是一幅长卷，以青绿色为主调，画出了山清水秀锦绣河山的壮丽景色。但尽管是山水，但却是人的生活世界。画中错落着渔村山庄，点缀着道路小桥人家，间杂着疏离的林木，一副人间可观、可居、可游的气派，成为中国画的珍品。

图 3-7　边景昭（明）《三友百禽图》

**6. “国画”的“意在笔先，寄兴于景”充分展示了人与自然的友好关系**

唐代画家王维在《山水论》中指出“凡画山水，意在笔先”，强调山水画创作中要处理好“意”与“笔”的关系。所谓“意”，为画家的“意兴”，而所谓“笔”则为“笔墨”。早在先秦时代，孔子就提出了“智者乐水，仁者乐山”的思想，以山比喻智者智慧之高耸，以水比喻仁者品德之绵长，自然与人在艺术中的友好相处，这其实是中国古代人以自然为友的良好传统。清初著名画家石涛在《苦瓜和尚画语录》中指出：“古之人寄兴于笔墨，假道于山川。不化而应化，无为而有为，身不炫而名立。”在石涛看来，通过绘画寄兴于笔墨形象，借道于山水画作，这样能够做到不想教化而能够教化，在无为中却能做到真正的有为，不炫耀自己却能够扬名天下。在这里，他将绘画“寄兴”的作用进行了充分的阐发。事实上，他自己就较好地运用了绘画的“寄兴”作用。他是著名的黄山画派代表人物，长期生活在黄山，提出“以黄山为师”“以黄山为友”“得黄山之性”等思想。同时，通过自己对于黄山的描绘，通过飞舞的笔纵、淋漓的墨雨、气势磅礴的山势表达了自己作为明代遗老的家国之思，所谓“金枝玉叶老遗民，笔砚精良迥出尘”。我们可以通过他的代表作《泼墨山水卷》来看他的“寄兴”的特点。当然，还有大家都熟悉的国画中著名的梅、松、竹三友，以此比喻品德的高洁。这当然要从先秦时代“比德”之说开始，发展到后来的“岁寒三友”。另外，还有明代边景昭著名的《三友百禽图》，隆冬季节，百鸟栖于松竹梅之间，或飞或鸣或息，呼应顾盼，各尽其态，表现了画家高洁耐寒的品德气节，用意不凡。张大千说：“中国画讲究寄托精神所在。譬如说中国历代画家爱画‘梅、兰、竹、菊’四君子，有人认为属于一种僵化的心态，其实不然，这就正是中国画的精神所在。画家如果画梅、菊赠人，一方面自比梅、菊‘傲霜’之风骨和‘孤标’的气节，另一方面也是将对方拟于同等的境界。这是期许自己，也是敬重对方。中国画这种讲‘寄托’的精神，实在是可贵的传统。”

### （二）雅克·贝汉的“自然三部曲”

国内纪录片研究，领域的权威机构——中国传媒大学中国纪录片研究中心在2013年将纪录片定义为：“纪录片是以真实为原则，从社会和自然中获取基本素材，表现作者对事物认知的非虚构活动影像。”

现代工业文明始于欧美，也最早结束于欧美。20世纪50年代，西方发达国家开始逐步关注自然生态，自然纪录片也发轫于此。

雅克·贝汉的《微观世界》《迁徙的鸟》《海洋》《地球》以科技含量之最、艺术品质之最、生态精神之最的巨片格局，表达出人类对“诗意栖居”的美好追求。

#### 1.《微观世界》的美学特征

（1）静观生命之灵。“保持静默”是雅克·贝汉的工作原则，在美学追求方面，直接电影摒弃传统纪录片“解说词+画面”的宣教形式，主张做静默的旁观者，在这样的美学观下，“德鲁小组”创作完成的第一部影片《初选》以全新的技术方法和艺术风格成为直接电影的经典之作。

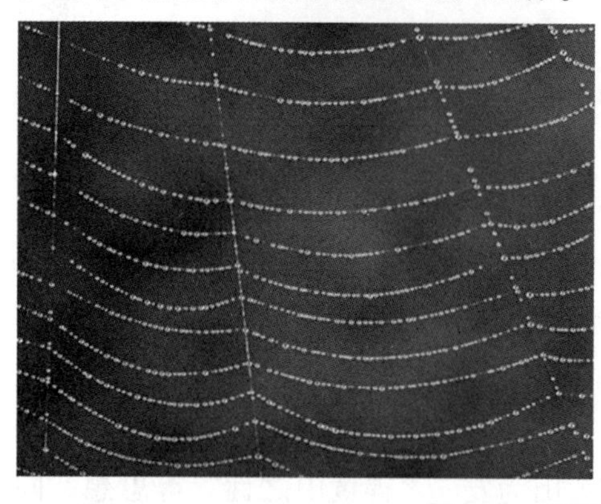

图 3-8　《微观世界》——露珠

雅克·贝汉的工作主张是：不干预，不控制，摄像机如同墙壁上的苍蝇，是永远的旁观者。另外，他在《微观世界》拍摄过程中拒绝采访，拒绝搬演，拒绝人工光源，拒绝长篇大论的解说。总之，不干涉事件进程，做大自然最真实的记录者。自然生命的神秘在于其不可预见，任何人为干扰都会影响并打乱它们的日常生活，所以，雅克·贝汉深知自然纪录片拍摄成功最重要的诀窍就是等待，无休止的等待。静观生命，节制情感，以无欲望的心态审视自然生物，便可以达到生命的明悟，直至与自然融为一体。

（2）生命多样之美。《微观世界》首次使用微距拍摄聚焦自然界细小生物，将蔚为壮观的昆虫世界纤毫毕现。在《微观世界》重新建构起的巨大天地里，山川、江河、森林都充满了诗情画意。滑落在蜘蛛网的雨滴、吮吸露珠的七彩瓢虫。以及恋爱的蜗牛和翩翩起舞的蝴蝶，微观世界的一切构成了一首生命的赞美诗，一曲动人的交响乐。与人类中心主义相对立，“和而不同”“生生为易”的哲学观更强调生命世界的终极关怀、生态整体的循环统一。物竞天择，适者生存。在《微观世界》中，任何一种生物都处于食物链的循环之中，自然生态的多样和富饶以浪漫的方式洗涤观众的灵魂。《微观世界》呈现的是一个周而复始的“巨人国”，面对四季更迭、时光变迁，动物界的强大与渺小也是一个相对的、“易”的变化过程。昆虫的本色出演，尽管没有台词，没有调度，但是导演却影射出平静、斗争的人类社会。

（3）自然伦理之思。《微观世界》的创作实践就是敬畏生命的体现，雅克·贝汉在影片中透露出的对微小昆虫的敬畏，体现了他对生命之间普遍联系这种伦理观的认同。人类不能孤立存在，甚至连细小的蚯蚓都不可或缺，因为我们要靠这种小小的昆虫疏松土壤、种植粮食，不然，难道要发明成千上万的蚯蚓机器人去完成这项工作吗？英国短剧《黑镜》为我们呈现了这一世界末日的景象：因为生态环境的恶化，蜜蜂活体消失殆尽，为了传播植物花粉，繁衍生命，科学家们不得不通过制造飞行机器人来完成蜜蜂的工作，但是，这些由人制造的高科技产物却成为杀人的工具。科幻片与纪录片的类型不同，但是警示功能相同，《黑镜》的丑恶以及《微观世界》的美好直指一个共同的目的：地球上最具智慧的人类应该意识到，任何生命都有存在的价值和意义。

图 3-9 《迁徙的鸟》——埃菲尔铁塔

**2.《迁徙的鸟》的生态意蕴**

（1）逐梦之旅。在生物界，动物迁徙被称为最震撼壮观的自然奇景，而候鸟从出生地到越冬地的飞翔更是让人过目不忘。尽管一代又一代的鸟类学家倾尽毕生心血来观察研究它们，但是，想要通过文字来描述这神秘的生命运动是徒劳的，因为，没有任何一个人能说得清其中的奥秘：鸟类越冬都需要迁徙吗？它们的迁徙路线相同吗？它们的行程是固定不变的还是流动可改的？它们的飞行高度都是多少？在迁徙的过程中，谁来指挥整个行动？因为种群不同，所以只有通过尽可能多的观察和陪伴，我们才能更多地了解这些可爱、可敬的邻居。鸟儿虽小，但精神境界不小，它们的迁徙之旅也是顽强拼搏的逐梦之旅。

（2）候鸟史诗。《迁徙的鸟》中出现大量首次亮相的濒危候鸟。这些出场的候鸟群中，共涉及 19 个迁徙主角。无数鸟类专家赞叹，《迁徙的鸟》更像一部候鸟迁徙的科教片。

（3）生命与救赎。在 4 分 15 秒，心地善良的白衣男孩在木屋的湖边放飞一只灰雁，此后，这只后腿绑有布条的灰雁便成为摄影师和观众共同关注的焦点，在影片中多次出现。同时，这只带有特殊标记的候鸟也成为影片推进故事发展的叙事线索之一。

**3.《海洋》的生态影响**

（1）蓝色风暴席卷全球。2009 年 10 月 17 日，第 22 届东京国际电影节在东京六本木开幕，雅克 · 贝汉出现在开幕式“绿毯”，同时，《海洋》作为电影节开幕影片全球首映。随后，影片发行团队也正式开始了《海洋》的全球播映工作。3 个月后，《海洋》在日本院线 302 块电影屏幕正式上线，超过 50 万人次观看影片，收获首周票房 4 218 495 美元。

《海洋》在日本的成功预示着这股蓝色风暴将会席卷全球。随后，影片于 2010 年 1 月 27 日在法国、比利时、瑞士同时上映，2 月 25 日在德国上映，3 月 19 日在奥地利上映，4 月 15 日在希腊上映，4 月 16 日在立陶宛上映。

（2）公益传播影响世界。全球票房统计网站 Box Office 提供《海洋》全球发行票房统计显示：《海洋》影院在线时间最长的是俄罗斯，影片自 2010 年 9 月 9 日上线，至 2011 年 1 月 30 日下线，在线时间横跨 5 个月，其次为长达 4 个月的西班牙；《海洋》票房最高的国家是全球首映地日本，票房总额为 25 545 132 美元，其次为 23 878 845 美元的法国。

**图 3-10　《海洋》——水下摄影**

《海洋》全球票房收益为 82 651 439 美元，面对近 7500 万美元的制片成本，影片全球盈利 169%。作为“史上最烧钱的纪录片”，《海洋》的盈利不仅意味着可观的纪录片市场前景，更给予纪录片工作者莫大的鼓励——纪录片早已不是赔钱的小众艺术形式，它可以像《海洋》一样兼具艺术价值与商业价值。

（3）回归生命存在本身。《海洋》全片共设定为3大主题：生态海洋、人类困境、路在何方。在“生态海洋”篇章中，导演通过展现五彩缤纷的海底世界，描绘了一幅波澜壮阔的生命交响曲；尽管导演放弃“人”的主观视角，但是“人”作为破坏环境的罪魁祸首终不能得到原谅，“人类困境”不是宣教式的批评，但是用无声的镜头敲响了保护海洋的最后警钟；第3篇章“路在何方”并没有指明我们应该何去何从，但是留下了最后的希望。

《海洋》的表现对象为海洋本身及海底生物，由于过度捕捞，人类社会正在将诸多物种推向灭绝的边缘。海洋博物馆中，面对孩子天真的提问，雅克·贝汉留给观众无限的警醒和深刻的反思。在复杂的海洋生物关系中，《海洋》从硅藻类起，拍摄、展示了一条完整的食物链。在第1篇章“海洋生命”中，雅克·贝汉诠释了富饶、壮阔的海洋温床，海豚舞蹈、鱼群嬉戏、鲸鱼捕猎，不仅充分展示了弱肉强食的自然生态，也以生态整体视角全方位呈现海洋的“和而不同”之美。作为《周易》的核心内涵，“生生为易”的哲学思维在《海洋》中得到淋漓尽致的呈现。个体生命的生存只是浩渺宇宙的短暂一瞬，阴阳相交的变化将生命的生存、生长汇聚为一个循环统一的整体。这也应该是海洋本来的面目。

《海洋》的犀利更在无声胜有声的镜头。阴森恐怖的巨大渔网不仅打散了海豚群的欢快舞蹈，对生命个体更是致命一击。镜头并未呈现被剪去鱼尾和鱼鳍的鲨鱼的最终结局，但是殷红的鲜血和失去方向感一直下沉的鲨鱼如同迷失自我的人类一样，最终的命运可想而知。

坚韧的生命、人类的困境以及对未来的期望和反思，是雅克·贝汉在《海洋》中反应的生态观照。在影片的结尾，雅克·贝汉反问：“人类难道真的是想要一个人造的自然环境吗？”相对于精疲力竭的大声疾呼，表情凝重的反问却更有力量。直到影片的结束，雅克·贝汉没有给出明确的答案，但是每一位观众都在这段真实影像里找到了属于自己的答案。

### （三）《额尔古纳河右岸》的生态美学解读

迟子建的长篇小说《额尔古纳河右岸》（以下简称《右岸》）是一篇以鄂温克族人生活为题材的史诗性的优秀小说，曾获第七届茅盾文学奖。这部小说的成就是多方面的，它还是一部在我国当代文学领域中十分少见的优秀的生态文学作品。作者以其丰厚的生活积淀与多姿多彩的艺术手法，展现了当代人类“回望家园”的重要主题，揭示了处于“茫然失其所在”的当代人对于“诗意栖居”生活的向往。这部小说以其成功的创作实践为我国当代生态美学与生态文学建设作出了特殊的贡献。

#### 1.“回望”的独特视角——探寻“家园”的本源性

作者采取史诗式的笔法，以一个年纪90多岁的鄂温克族老奶奶、最后一位酋长妻子的口吻，讲述了额尔古纳河右岸敖鲁古雅鄂温克族百年来波澜起伏的历史。这种讲述始终以鄂温克族人生存本源性的追溯为主线，以大森林的儿子特有的人性的巨大包容和温暖为基调。整个讲述分上、中、下与尾 4 个部分，恰好概括了整个民族由兴到衰、再到明天的希望的整个过程。

图 3-11　鄂温克人与驯鹿（来源：《辉煌中国》）

熊祖母啊，
你倒下了，
就美美地睡吧！
吃你的肉的，
是那些黑色的乌鸦。
我们把你的眼睛，
虔诚地放在树间，
就像摆放一盏神灯！

山林的开发使得鄂温克族人被迫离开山林下山定居，但驯鹿不能没有山林中的苔藓，而鄂温克族人也不能没有山林，所以，他们又带着驯鹿回到山林，但未来会怎样呢？在空旷的已经无人的营地“乌力楞”，只有讲述人与她的孙子安草尔。当讲述人在月光中突然发现她们的白色小鹿木库莲回来了，她激动地说：

“而我再看那只离我们越来越近的驯鹿时，觉得它就是掉在地上的那半轮淡白的月亮。我落泪了，因为我已经分不清天上人间了。”

小鹿回来了，像那半轮月亮，但明天会怎样呢？作品给我们留下了想象的空间，也给我们留下了思考的空间。让我们从鄂温克族最后一位酋长的妻子的讲述中领悟到，额尔古纳河右岸与小兴安岭，那些山山水水，已经成为鄂温克族人的血肉和筋骨，成为他们的生命与生存的本源。而从文化人类学的角度考察，人类的生存与生命的本源就是大自然。我们如何对待自己的生存之根与生命本源呢？在环境污染和破坏日益严重的今天，这已经不仅是一个鄂温克族的命运问题，而是整个人类的命运问题。

**2. “回望”的独特场域——探询“家园”的独特性**

《右岸》深情地描写了鄂温克族人与额尔古纳河右岸的山山水水的须臾难离的关系，以及由此决定的特殊生活方式，一草一木都与他们的血肉、生命与生存融合在一起，具有某种特定的不可取代性。这是一种对于人类“家园”独特性的探询，意义深远。鄂温克族的衣食住都具有与其生存地域相关联的特殊性。他们以皮毛为衣，而且主要是驯鹿的皮毛；他们所食主要是肉类，游猎是他们基本的生存方式。小说的“清晨”部分具体地描写了林克带着两个孩子捕猎大型动物堪达罕的场面。具体描写了他们乘坐着桦皮筏，在小河中滑行，然后在夜色中漫长地等待，以及林克机智勇敢地枪击堪达罕，将其毙命的过程。堪达罕的捕获给整个营地带来了快乐。大家都在晒肉条，“那暗红色的肉条，就像被风吹落的红白合花的花瓣”。当然，他们还食用驯鹿奶、灰鼠。并通过与汉族商人交换布匹、粮食与其他食品。他们还有一种特殊的食品储备仓库“靠老宝”。这是留作本部族或者是其他部族以备不时之需的物品仓库。用 4 棵松树竖立为柱，做上底座与四框，苫上桦树皮，底部留下口，将闲置与富裕的物品存放在内。不仅本部落可取，别的部落的人也可去取。这就是鄂温克族老人留下的两句话：

“你出门是不会带着自己的家的，外来的人也不会背着自己的锅走的；有烟火的屋子才有人进来，有枝的树才有鸟落。”

**3. “回望”的独特美学特性——探询“家园”特有的生态存在之美**

迟子建在《右岸》中以全新的生态审美观的视角进行了艺术的描写，在她所构筑的鄂温克族人的生活中，人与自然不是二分对立的，“自然”不仅是人的认识对象，也不仅是什么“人化的自然”“被模仿的自然”“如画风景式的自然”，而是原生态的、与人构成统一体的存在论意义上的自然。正是在这种人与自然特有的“此在与世界”的存在论关系中，“存在者之真理已经自行设置入作品”，从而呈现出一种特殊的生态存在之美。

# 第四篇　绿色发展：生态产业

## 第一节　生态农业

### 一、走进生态农业

#### （一）生态农业的概念

**1. 生态农业提出的背景**

纵观人类一万年的农业发展史，大体上经历了三个发展阶段：一是原始农业，至今约 7000 年；二是传统农业，至今约 3000 年；三是现代农业，至今约 200 年。20 世纪 70 年代以来，越来越多的人注意到，现代农业在给人们带来高效的劳动生产率和丰富的物质产品的同时，也造成了严重的生态危机：土壤侵蚀、化肥和农药用量上升、能源危机加剧、环境污染。

面对以上问题，各国开始探索农业发展的新途径和新模式。生态农业便是世界各国的选择，为农业发展指明了正确的方向。

**2. 什么是生态农业**

生态农业是一个原则性的模式而不是严格的标准，是一个农业生态经济复合系统，将农业生态系统同农业经济系统综合统一起来，以取得最大的生态经济整体效益。它既是农、林、牧、副、渔各业综合起来的大农业，又是农业生产、加工、销售综合起来，适应市场经济发展的现代农业。它是 20 世纪 60 年代末期作为“石油农业”的对立面而出现的概念，被认为是继石油农业之后世界农业发展的一个重要阶段。主要是通过提高太阳能的固定率和利用率、生物能的转化率、废弃物的再循环利用率等，促进物质在农业生态系统内部的循环利用和多次重复利用，以尽可能少的投入，求得尽可能多的产出，并获得生产发展、能源再利用、生态环境保护、经济效益等相统一的综合性效果，使农业生产处于良性循环中。

生态农业最早于1924年在欧洲兴起，20世纪30—40年代在瑞士、英国、日本等国得到发展；20世纪60年代欧洲的许多农场转向生态耕作，20世纪70年代末东南亚地区开始研究生态农业；至20世纪90年代，世界各国的生态农业均有了较大发展。建设生态农业，走可持续发展的道路已成为世界各国农业发展的共同选择。

### 3. 我国生态农业的概念

多年来，我国科学家依照我国生态农业的研究特色对生态农业也提出了不同的概念，虽然不同学者提出的概念不同，但都强调资源的合理利用，技术的组合集成，生态农业系统结构和功能营建，最终达到稳定、持续、高效的目的。概括我国学者对生态农业的概念描述，主要包括狭义的生态农业和广义的生态农业两种。

狭义的生态农业是指依据生态学、经济学、生态经济学和系统工程原理，运用现代科学技术成果和现代管理手段以及传统农业的有效经验建立起来，以期获得较高的经济效益、生态效益和社会效益的现代化农业发展模式。狭义的生态农业要求在系统内必须有物质循环和能量流动，符合生态学和经济学原理，保证资源的可持续利用，同时必须实现三个效益的全面提高。我们通常意义上说的生态农业就是狭义上的生态农业。

在我国，广义的生态农业是以维护农业生态环境，确保粮食安全，注重环境、经济、社会协调发展为目的的农业发展途径，包括有机农业、绿色农业、白色农业、精确农业、观光旅游、休闲农业等。

从生态农业狭义和广义的定义可以看出，中国的生态农业是按照系统工程原理，根据生态学、经济学和生态经济学等理论，运用现代科学技术成果和现代管理手段以及传统农业的有效经验建立起来，以获得较高的经济、生态和社会效益为目的的现代化农业发展模式。从根本上有别于西方国家倡导的那种强调低投入或绝对排斥使用农用化学品的“生态农业”，我国的生态农业是一种典型的可持续农业。

## （二）生态农业的内涵

我国的生态农业强调农业的生态本质，这是生态农业的核心。因此在发展农业生产过程中，要始终尊重生态经济规律，协调生产、发展与生态环境之间的关系，保持生态，培植资源，防治污染，提供清洁产品和优美环境，把农业发展建立在健全的绿色生产的生态基础之上，寻求发展经济与保护环境、资源开发与可持续利用相协调的切入点。

生态农业建设较以往的农业系统有以下优势：一是通过建立合乎生态原则的生产系统，达到对能源、资源和劳动力的有效运用，解决粮食供应，为农民提供就业机会，从而发展高效农业；二是通过建立更全面的土地利用和规划系统，使发展的程度和速度不至于超越资源的承载能力，自然资源不会消耗过量，保护环境不致退化，确保农业发展的可持续；三是农民收入增加，生活环境得到改善，达到协调发展农村经济的目的。因为生态农业建设具备这些优点，所以便成了现今中国农业发展的重要方向。

在我国，不同地区采用的生态农业模式有很大的不同，因此生态农业具有明显的区域特色，在发展生态农业时，要根据地貌不同、市场优势不同，要求生态农业在内部结构设计上突出重点，建立与其环境相宜的合理化良性生产系统，其设计模式具有多样性、层次性、区域性，即体现共性和个性的统一。我国的生态农业是现代科学技术与成果和农业可持续发展理念结合的复合体。它以现代科学技术为基础，充分利用中国传统农业的技术精华，在保证可持续发展的前提下，不断提高劳动生产率，持续提高土壤肥力、改善农村生态环境以及持续利用保护农业自然资源，实现农业的高产、优质、高效、低耗。

综合学术界各种观点，生态农业内涵主要包括以下八个方面：一是在现代食物观念引导下，确保国家食物安全和人民健康；二是进一步依靠科技进步，以继承中国传统农业技术精华和吸收现代高新科技相结合；三是以科技和劳动力密集相结合为主，逐步发展成技术、资金密集型的农业现代化生产体系；四是注重保护资源和农村生态环境；五是重视提高农民素质和普及科技成果应用；六是切实保证农民收入持续稳定增长；七是发展多种经营模式、多种生产类型、多层次的农业经济结构，有利引导集约化生产和农村适度规模经营；八是优化农业和农村经济结构，促进农牧渔、种养加、贸工农有机结合，把农业和农村发展联系在一起，推动农业向产业化、社会化、商品化和生态化方向发展。

### （三）生态农业的特点

我国作为发展中国家，20 世纪 80 年代初就提出了自己的可持续农业发展模式，即生态农业发展模式。我国的生态农业是继传统农业、石油农业之后，根据我国具体条件发展的一种人与自然协调发展的新型农业模式，它既吸收了我国传统农业和现代农业的精华，也不拒绝化肥、农药的适度投入，合理利用和保护自然资源，使生态系统保持适度的物质循环强度和能流通量，实现高产出、高效益、少污染；强调经济效益、生态效益、社会效益的综合协同提高，使农业生产与资源的永续利用和环境的有效保护紧密结合起来，从而使我国的农业、农村纳入持续、稳定、协调发展的轨道。我国的生态农业是遵循自然规律和经济规律，以生态学和生态经济学原理为指导，以生态、经济、社会三大效益为目标，以大农业为出发点，运用系统工程方法和现代科学技术建立的具有生态与经济良性循环、持续发展的多层次、多结构、多功能的综合农业生产体系，是较为完整的可持续农业理论与技术体系。我国生态农业主要具有以下四种特征：

#### 1. 综合性

生态农业强调发挥农业生态系统的整体功能，以大农业为出发点，按“整体、协调、循环、再生”的原则，全面规划，调整和优化农业结构，使农、林、牧、副、渔各业和农村一、二、三产业综合发展，并使各业之间互相支持，相得益彰，提高综合生产能力。

**2. 多样性**

生态农业针对我国地域辽阔，各地自然条件、资源基础、经济与社会发展水平差异较大的情况，充分吸收我国传统农业精华，结合现代科学技术，以多种生态模式、生态工程和丰富多彩的技术类型装备农业生产，使各区域都能扬长避短，充分发挥地区优势，各产业都根据社会需要与当地实际协调发展。

**3. 高效性**

生态农业通过物质循环和能量多层次综合利用和系列化深加工，实现经济增值，实行废弃物的资源化利用，降低农业成本，提高效益，为农村大量剩余劳动力创造农业内部的就业机会，保护农民从事农业的积极性。

**4. 持续性**

发展生态农业能够保护和改善生态环境，防治污染，维护生态平衡，提高农产品的安全性，变农业和农村经济的常规发展为持续发展，把环境建设同经济发展紧密结合起来，在最大限度地满足人们对农产品日益增长的需求的同时，提高生态系统的稳定性和持续性，增强农业发展后劲。

## 二、生态农业的发展路径

我国是农业大国，农业文明和生态耕作历史源远流长，但是我国生态农业又面临着新的形势，照搬其他国家的经验或者延续我国传统农业的做法都是不可取的，必须走中国特色的高效生态农业发展道路。

**1. 树立高效生态农业的发展理念**

高效生态农业是集约化经营与生态化生产有机耦合的现代农业。所谓高效，就是要体现发展农业能够使农民致富的要求；所谓生态，就是要体现农业既能提供绿色安全农产品又可持续发展的要求。

树立发展高效生态农业的理念首先必须树立“绿水青山就是金山银山”的坚强信念。习近平总书记早在2005年就写下《绿水青山也是金山银山》一文，文中说，绿水青山可带来金山银山，但金山银山却买不到绿水青山。两者应是辩证统一的。找准了方向，才能创造条件，让绿水青山带来源源不断的金山银山。我们还应认识到，体现“高效”就是在保证可持续发展的绿色农业的同时，提高农产品附加值，提高劳动生产率，提升农民收入，保障农民致富需求。“高效”“生态”两手同时抓，才能实现“双赢”。

**2. 因地制宜，选择各地适合的高效生态农业形态**

我国幅员辽阔，东西南北部各有其农业特色和自然资源优势，应发展适应本地特点的高效生态农业形态。例如，东北地区的国有农场，大面积的可垦荒地是其优势和特色，适宜采用先进的科技推广大规模经营，加强农工商一体化经营，延长生产链，占据市场竞争优势。又如东部的农业大省山东省，据报道，近年来山东各地围绕优化农业产品产业结构、农业提质增效、绿色生产方式、补齐农业短板、农业新产业新业态五个方向，多渠道、多层面积极发展高效生态农业。

以建设沿黄生态高效现代农业示范区和各类农业科技示范区为带动，积极实施节水农业、绿色农业、循环农业等各种新型生态农业工程，同时培育相应的高效农业合作社、家庭农场、种粮大户、农业企业、农业职业经理人等新型农业经营主体，把“互联网+”“种养基地+公司+市场”等模式运用到高效生态农业中，实现农业转型升级和农产品有效精准供给。这些措施适宜在东部地区推广。而曾经有着“丝绸之路”“茶马古道”等诸多辉煌的西部，随着生态环境的恶化、资源的枯竭，发展缓慢，逐渐落后于中、东部地区，在当前国家有利政策的支持下应着力于治理生态环境，加强科技创新，针对水资源匮乏的特点重点发展灌溉农业和畜牧业。

**3. 强化政府对高效生态农业的政策与财政金融支持**

发展高效生态农业需要大量的资金扶持和高科技平台支持，因此政府应有倾向性政策支持，包括加强农田基本建设投资、农业税减免、农业高科技企业税收减免、资源节约型高效生态农业补贴等；建立健全退耕还林、草原退牧等区域生态农业项目的补偿机制。通过政府引导或者金融支持加强农业科技创新和推广服务，促进农产品加工科技成果转化推广应用，通过农业技术专利质押贷款等方式获得金融支持，鼓励农工商一体化经营，健全农业生态环境的保育技术，构建农业技术服务的网络体系，加大农业科技实用型人才的引进和培养，提升农业劳动者的素质和职业技能。

**4. 开创高效生态农业新的经营机制**

高效生态农业的发展离不开对原有生态结构的改革和升级，结合生态资源，发展特色产业，开创新的经营机制。首先，应增强农产品附加值，延长产业链，鼓励生态循环型农业生产模式，增强农业龙头企业与农村合作社以及农民之间的关系，形成更加紧密的产业链条和互利共赢关系；其次，做好农村电商平台，提升农产品流通速度，增加农民销售收入，减少运营成本；最后，要通过适当营销形成自己的特色品牌，提升生态农业的经济效益和社会效益。

# 第二节　绿色工业

## 一、走进绿色工业

### （一）发展绿色工业的背景

18 世纪兴起的工业革命，改变了世界格局，极大地加速了人类历史发展的进程。科学技术的进步和工业的发展，提高了人类的生活水平，但也给人类的生存和发展带来了潜在威胁。20 世纪 50—60 年代开始的“环境公害事件”，导致成千上万人患病甚至离世。尽管不断推进的工业现代化为工业生产效率的提高和工业产品的增长创造了奇迹，但却造成了严重的环境污染和由于资源日益耗竭引起的工业发展动力不足等问题，对生态环境和人类的可持续发展产生了消极影响。

具体到我国，20 世纪 50 年代以前，我国的工业化刚刚起步，环境污染问题尚不突出。50 年代以后特别是改革开放以后，随着我国工业化的持续推进，我国的环境污染逐渐加剧并同时向农村急剧蔓延，生态破坏的范围也在扩大资源枯竭问题日益凸显，我国传统的工业发展模式已经不能适应经济增长的需要。

### （二）绿色工业的概念和内涵

绿色工业是指以可持续发展为宗旨，合理、充分利用包括智力资源在内的各种资源，以工业经济活动的资源消耗最小化和污染排放最小化为特征，使工业产品与服务在生产和消费过程中对生态环境和人体健康的损害最小，达到工业经济发展的生态代价和社会成本最低的工业发展模式。

绿色工业不再局限于传统的末端治理模式，而是通过“绿色”设计，在资源的开采、利用和处理等各个环节减少或杜绝环境污染的产生，以实施节约资源、节约能源，资源反复利用的清洁生产作为首要目标。社会经济的发展必然要求更新的生产工艺及治理技术来协调经济发展与生态环境之间的矛盾。绿色工业也会随着时间的推移而不断改进，以实现人类的可持续发展。

### （三）发展绿色工业的重要意义

#### 1. 有利于促进我国生态文明建设

党的十八届三中全会明确提出，要紧紧围绕建设美丽中国深化生态文明体制改革，加快建立生态文明制度，推动形成人与自然和谐发展现代化建设新格局。这对我国工业发展提出了新的更高要求。一方面，要加快推进工业化进程，到 2020 年基本实现工业化之后，逐步对传统工业进行绿色升级改造；另一方面，也要更加重视生态文明建设，切实转变发展方式，形成节约资源和保护环境的空间格局、产业结构、生产方式和生活方式。

进入21世纪以来，我国工业化进程明显加快，工业整体素质明显改善，工业体系门类齐全、独立完整，国际地位显著提升，已成为名副其实的工业大国。在500多种主要的工业品当中，有220多种产品的产量居全球第一位。但同时我们也要清醒地认识到，我国的工业发展依然没有摆脱高投入、高消耗、高排放的粗放模式，工业仍然是消耗资源能源和产生排放的主要领域，资源能源的瓶颈制约问题日益突出。

在党的十八大报告当中明确指出：面对资源约束趋紧、环境污染严重、生态系统退化的严峻形势，必须树立尊重自然、顺应自然、保护自然的生态文明理念，把生态文明建设放在突出地位，融入经济建设、政治建设、文化建设、社会建设各方面和全过程，努力建设美丽中国，实现中华民族永续发展。

习近平总书记在党的十九大报告中也同时指出，我们要建设的现代化是人与自然和谐共生的现代化，既要创造更多物质财富和精神财富以满足人民日益增长的美好生活需要，也要提供更多优质生态产品以满足人民日益增长的优美生态环境需要。

生态文明是工业文明发展的新阶段，是对工业文明的发展与超越。建设生态文明并不仅仅是简单意义上的污染控制和生态恢复，而是要克服传统工业文明的弊端，探索资源节约型、环境友好型的绿色发展道路。作为建立在循环经济基础上的绿色工业，是科技含量高、能源消耗少、生态化、低排放、资源循环利用、可持续发展的工业体系，主要特征是低投入高产出。因此，发展绿色工业是我国建设生态文明的必由之路。

**2. 有利于我国成为世界性制造业强国**

工业是立国之本，是我国经济的根基所在，也是推动经济发展提质增效升级的主战场。工业要主动适应新常态，把绿色低碳转型、可持续发展作为建设制造强国的重要着力点，放在更加重要的位置，大幅提高制造业绿色化、低碳化水平，加快形成经济社会发展新的增长点。

全面推行绿色制造是参与国际竞争、提高竞争力的必然选择。2008年国际金融危机后，为刺激经济振兴，创造就会机会、解决环境问题，联合国环境规范署提出绿色经济发展议题，在2009年的20国集团会议上被各国广泛采纳。各主要国家把绿色经济作为本国经济的未来，抢占未来全球经济竞争的制高点，加强战略规划和政策资金支持，绿色发展成为世界经济重要趋势。欧盟实施绿色工业发展计划，投资1050亿欧元支持欧盟地区的“绿色经济”；美国开始主动干预产业发展方向，再次确认制造业是美国经济的核心，瞄准高端制造业、信息技术、低碳经济，利用技术优势谋划新的发展模式。同时，一些国家为了维持竞争优势，不断设置和提高绿色壁垒，绿色标准已经成为国际竞争的又一利器。

我国制造业总体上处于产业链中低端，产品资源能源消耗高，劳动力成本优势不断削弱，加之当前经济进入中高速增长阶段，下行压力较大。在全球“绿色经济”的变革中，要建设制造强国，统筹利用两种资源、两个市场，迫切需要加快制造业绿色发展，大力发展绿色生产力，更加迅速地增强绿色综合国力，提升绿色国际竞争力。全面推行绿色制造，加快构建起科技含量高、资源消耗低、环境污染少的产业结构和生产方式，实现生产方式“绿色化”，既能够有效缓解资源能源约束和生态环境压力，也能够促进绿色产业发展，增强节能环保等战略性新兴产业对国民经济和社会发展的支撑作用，加快实现制造强国的梦想。

## 二、绿色工业的发展路径

### （一）绿色工业与传统工业的区别

#### 1. 传统工业的经济发展模式：线形经济模式

传统工业是产业革命以来所建立、目前仍然进行大规模生产的工业部门的总称。传统工业以常规能源为动力，以机器技术为重要特征。一般包括纺织工业、钢铁工业、造船工业、汽车工业、电力工业等部门。传统工业多为劳动密集型或资金密集型工业。

线形经济模式是指传统的“资源→产品→废弃物”的单向流动的线性经济。在这种经济发展过程中，从资源的开采，到产品的生产、加工、运输和消费的各个环节产生的污染物和废弃物不经处理和利用直接排放到环境中，其本质就是把资源持续不断地变成垃圾的过程。通过不断地消耗自然资源来实现经济的增长。线形经济模式的特点是“高开采、低利用、高排放”，主要关注劳动生产率的提升，不关注资源的高效利用和生态环境和保护。随着世界人口的增加、消费水平的提高，这种模式必然会导致自然资源的短缺与枯竭，对生态环境的影响也将越来越大，最终导致生态环境无法承受，甚至崩溃。因此，这种经济发展模式无法实现经济社会的可持续发展。

传统线性经济发展模式示意图

#### 2. 绿色工业的经济发展模式：循环经济模式

绿色工业（也称生态工业）是指依据生态经济学原理，以节约资源、清洁生产和废弃物多层次循环利用等为特征，以现代科学技术为依托，运用生态规律、经济规律和系统工程的方法经营和管理的一种综合工业发展模式。

循环经济是人们在不断探索和总结的基础上，提出以资源利用最大化和污染排放最小化为主线，逐渐将清洁生产、资源综合利用、生态设计和可持续消费等融为一体的可持续发展的经济战略。它以“减量化、再利用、循环化”为三大基本原则，以“低消耗、低排放、高效率”为基本特征，符合可持续发展理念的经济发展模式，其本质是一种“资源→产品→消费→再生资源”的物质闭环流动的生态经济。

循环经济发展模式示意图

### 3. 绿色工业与传统工业的比较

从上面我们可以看出，循环经济是在人类社会面临着环境污染、生态破坏、自然资源日趋枯竭等诸多难以解决的问题，遭受了大自然无情报复、人类社会可持续发展受到严重威胁的情况下，重新审视人类社会的发展历程，对人与自然的关系进行深刻反思后，对经济发展模式进行的一种战略性调整。与传统工业的线形经济相比，循环经济作为一种“促进人与自然的协调与和谐”的经济发展模式，具有更多的优点，循环经济的实施改变了传统经济发展模式线形经济所造成的“人与自然相对立”发展，体现了可持续发展战略的思想。

具体来说，绿色工业与传统工业的主要区别体现在以下 4 方面：

追求目标不同。传统工业发展模式是以片面追求经济效益目标为己任，忽略了对生态效益的重视，导致“高投入、高消耗、高污染”的局面发生；而生态工业将工业的经济效益和生态效益并重，从战略上重视环境保护和资源的集约、循环利用，有助于工业的可持续发展。

自然资源的开发利用方式不同。传统工业由于片面追求经济效益目标，只要有利于在较短时期内提高产量、增加收入的方式都可采用。生态工业从经济效益和生态效益兼顾的目标出发，对资源进行合理开采，使各种工矿企业相互依存，形成共生的网状生态工业链，达到资源的集约利用和循环使用。

**表 4-1　绿色工业与传统工业比较一览表**

| 比较内容 | 绿色工业 | 传统工业 |
| --- | --- | --- |
| 理论指导 | 生态学规律 | 机械论规律 |
| 物质流动 | “资源→产品→消费→再生资源”的反复循环流动 | “资源→产品→废弃物”的单向流动 |
| 环境政策 | 全过程控制 | 末端治理 |
| 经济增长方式 | 集约型增长 | 数量型增长 |
| 特征 | 低开采、低消费、低排放高利用 | 高开采、高消费、高排放低利用 |
| 生产过程 | 追求资源的使用效率；经济效益与环境效益并举；遵循“3R”原则，强调资源的合理高效利用 | 追求劳动力的效率；重视经济效益、轻视环境效益；轻视资源的制约而过度生产 |
| 产品 | 推行生态设计，生产者责任制等，减少产品对环境的不利影响；对人体健康无害 | 忽视产品对环境的影响；对人体健康可能造成危害 |
| 除污技术与产品制造的关系 | 结合在制造环节 | 与制造环节相分离 |
| 废弃物处理 | 尽量资源化，城少排放 | 大量遗弃，忽视对环境的影响 |

产业结构和产业布局的要求不同。传统工业由于只注重工业生产的经济效益，资源过度开采和浪费、环境恶化严重，不利于资源的合理配置和有效利用。生态工业系统是一个开放性的系统，这就要求合理的产业结构和产业布局，以与其所处的生态系统和自然结构相适应，以符合生态经济系统的耐受性原理。

废弃物的处理方式不同。传统工业实行单一产品的生产加工模式，对废弃物一弃了之。这样有利于缩短生产周期，提高产出率，从而提高其经济效益。而生态工业不仅从环保的角度遵循生态系统的耐受性原理而尽量减少废弃物的排放，而且还充分利用共生原理和长链利用原理，通过生态工艺关系，尽量延伸资源的加工链，最大限度地开发和利用资源。

### （二）发展绿色工业的主要措施

#### 1. 发挥政府主导作用，开启绿色发展新思路

建设绿色工业体系，需要建立起符合我国国情的可持续发展经济新体制和生态、经济一体化的新型绿色经济制度，建立起一套符合我国基本国情的绿色 GDP 核算体系，这些措施的实施均需要发挥政府的主导作用。相反，如果没有政府的制度保障和约束，企业发展绿色工业也将变成空谈，人民享受绿色工业成果也将成为奢望。

#### 2. 实施传统行业绿色改造

对钢铁、有色、化工、建材、造纸、印染等传统制造业进行绿色改造，用高效绿色生产工艺改造传统制造流程，加快实现传统行业绿色升级。广泛应用清洁生产等加工工艺，实现绿色制造；加强绿色工艺研发应用，推广高效化、低能耗、易回收等技术工艺，持续提升电机、锅炉、内燃机及电器等终端能耗产品的能效水平。

#### 3. 引领新兴产业绿色发展

努力在新兴领域打造绿色全产业链，增强企业绿色设计、绿色生产、绿色技术、绿色管理能力，提高产品绿色运行、绿色回收、绿色再生水平，鼓励应用绿色能源、使用绿色包装、实施绿色营销、开展绿色贸易。加快发展绿色信息通信产业，大幅降低电子信息产品生产、使用、运行能耗，推广无铅化生产工艺，发展绿色新型元器件，有效控制铅、汞、镉等有毒有害物质含量。建设绿色数据中心和绿色基站，统筹应用节能、节水、降碳效果突出的绿色技术和设备，加强可再生能源利用和分布式供能。

#### 4. 推进资源高效循环利用

支持企业加强技术创新和管理，增强绿色制造能力，大幅降低能耗、物耗和水耗。不断提高绿色低碳能源使用比率，开展工业园区和企业分布式绿色智能微电网建设，控制和削减化石能源消费量。全面推行循环生产方式，促进企业、园区、行业间链接共生、原料互供、资源共享。推进资源再生利用产业规范化、规模化发展，

强化技术装备支撑，提高大宗工业固体废弃物、废旧金属、废弃电子产品等综合利用水平。

**5. 构建绿色制造体系**

支持企业开发绿色产品，推行生态设计，提升产品节能环保低碳水平，引导绿色生产和绿色消费。建设绿色工厂，实现厂房集约化、原料无害化、生产洁净化、废物资源化、能源低碳化，探索可复制推广的工厂绿色化模式。发展绿色园区，推进工业园区（集聚区）按照生态设计理念、清洁生产要求、产业耦合链接方式，加强园区规划设计、产业布局、基础设施建设和运营管理，培育示范意义强、具有鲜明特色的“零”排放绿色工业园区。壮大绿色企业，支持企业实施绿色战略、绿色标准、绿色管理和绿色生产。推动发展绿色金融，引导资金流向节能环保技术研发应用和生态环境保护治理领域。强化绿色监管，健全节能环保法规、标准体系，加强节能环保监察。

**6. 强化绿色科技支撑**

党的十九大报告指出创新是引领发展的第一动力，是建设现代化经济体系的战略支撑。要瞄准世界科技前沿，强化基础研究，实现前瞻性基础研究、引领性原创成果重大突破。工业是实施科技创新驱动发展战略的主要领域。欧美发达国家经验和我国发展实践表明，工业是研发投入的主要阵地，是创新最活跃、成果最丰富的领域，从根本上决定了国家整体创新水平。我国工业既要保持中高速增长、支撑国民经济合理增速，又要实现产业结构和生产方式绿色化、应对资源能源约束和生态环境压力，只有坚持把科技创新摆在工业发展全局的核心位置，进一步强化科技创新的支撑地位，才能够实现质量更优、效率更高、消耗更少、污染更小、排放更低的绿色发展模式。

**7. 督促企业转型，开展清洁生产，大力发展绿色经济**

在绿色工业发展过程中，企业应积极转变生产经营模式，逐渐从末端治理转变为开端预防，处理污染物的制度与态度必须进行根本性的转变，积极应对国际绿色经济浪潮。在整个社会物质流动过程中最大程度地发挥资源的利用价值、采取创新方法努力避免或减少工业污染，加大对废弃物资源化以及产业化的投入，只有控制废弃物源头与治理已生成污染相结合，开展清洁生产，我国绿色工业的发展效益才能实现全面增长。

**8. 维持区域平衡，激发绿色工业活力**

我国中西部地区，虽然能源存储量较高，但生产技术水平受限，导致能源利用率较低，造成了不必要的浪费以及对优质自然环境的破坏。因此，这些地区要积极引进先进技术、发展生产工艺、制定技术标准，对于不符合绿色工业要求的企业，要加大惩罚力度，污染严重则坚决予以淘汰。同时，我国东部地区生产力发展较为快速，经济发展水平较高，应充分利用其在技术以及成本控制方面的优势，帮助中西部地区共同提高绿色工业发展水平。

## 第三节　生态旅游

我国位于亚欧大陆东部，太平洋西岸，地理位置独特，地形地貌复杂，气候类型多样，生物多样性丰富，已建成各类国家级自然保护地3000余处，为发展生态旅游奠定了坚实的资源基础。生态旅游是我国生态文明建设的重要载体，是构建资源节约型和环境友好型社会的最佳途径，是建设健康中国、美丽中国，实现中国梦的有力支撑和重要内容。

### 一、走进生态旅游

#### （一）生态旅游的概念

生态旅游是由世界自然保护联盟（IUCN）特别顾问谢贝洛斯·拉斯喀瑞（Ceballos Laskurain）于1983年首次提出。1990年国际生态旅游协会（CeInternational Ecotourism Society）把其定义为：在一定的自然区域中保护环境并提高当地居民福利的一种旅游行为。20世纪90年代，随着我国实施可持续发展战略，生态旅游概念正式引入中国。经过30多年的发展，生态旅游已成为一种增进环保、崇尚绿色、倡导人与自然和谐共生的旅游方式，并初步形成了以自然保护区、风景名胜区、森林公园、地质公园及湿地公园、沙漠公园、水利风景区等为主要载体的生态旅游目的地体系，基本涵盖了山地、森林、草原、湿地、海洋、荒漠以及人文生态等七大类型。生态旅游产品日趋多样，深层次、体验式、有特色的产品更加受到青睐。生态旅游方式倡导社区参与、共建共享，显著提高了当地居民的经济收益，也越来越得到社区居民的支持。通过发展生态旅游，人们的生态保护意识明显提高，“绿水青山就是金山银山”的发展理念已逐步成为共识。2016年，中华人民共和国国家发展和改革委员会和国家旅游局联合印发《全国生态旅游发展规划（2016—2025年）》文件，明确提出：生态旅游是以可持续发展为理念，以实现人与自然和谐为准则，以保护生态环境为前提，依托良好的自然生态环境和与之共生的人文生态，开展生态体验、生态认知、生态教育并获得身心愉悦的旅游方式。

生态旅游是在一定自然地域中进行的有责任的旅游行为，为了享受和欣赏历史的和现存的自然文化景观，这种行为应该在不干扰自然地域、保护生态环境、降低旅游的负面影响和为当地人口提供有益的社会和经济活动的情况下进行。在全球人类面临生存的环境危机的背景下，随着人们环境意识的觉醒，绿色运动及绿色消费席卷全球，生态旅游作为绿色旅游消费，一经提出便在全球引起巨大反响，生态旅游的概念迅速普及到全球，其内涵也得到了不断地充实，针对目前生存环境的不断恶化的状况，旅游业从生态旅游要点之一出发，将生态旅游定义为“回归大自然旅游”和“绿色旅游”；针对旅游业发展中出现的种种环境问题，旅游业从生态旅游要点之二出发，将生态旅游定义为“保护旅游”和“可持续发展旅游”。同时，世界各国根据各自的国情，开展生态旅游，形成各具特色的生态旅游。

西方发达国家在生态旅游活动中极为重视保护旅游物件。在生态旅游开发中，避免大兴土木等有损自然景观的做法，旅游交通以步行为主，旅游接待设施小巧，掩映在树丛中，住宿多为帐篷露营，尽一切可能将旅游对旅游物件的影响降至最低。在生态旅游管理中，提出了“留下的只有脚印，带走的只有照片”等保护环境的响亮口号，并在生态旅游目的地设置一些解释大自然奥秘和保护与人类息息相关的大自然标牌体系及喜闻乐见的旅游活动，让游客在愉怡中增强环境意识，使生态旅游区成为提高人们环境意识的天然大课堂。

生态旅游的内涵应包含两个方面：

一是回归大自然，即到生态环境中去观赏、旅行、探索，目的在于享受清新、轻松、舒畅的自然与人的和谐气氛，探索和认识自然，增进健康，陶冶情操，接受环境教育，享受自然和文化遗产等。

二是要促进自然生态系统的良性运转。不论生态旅游者，还是生态旅游经营者，甚至包括得到收益的当地居民，都应当在保护生态环境免遭破坏方面做出贡献。也就是说，只有在旅游和保护均有保障时，生态旅游才能显示其真正的科学意义。

### （二）发展生态旅游的意义

生态旅游是以优化生态旅游发展空间布局为核心，以完善生态旅游配套服务体系为支撑，坚持尊重自然、顺应自然、保护自然，强化资源保护，注重生态教育，打造生态旅游产品，促进绿色消费，推动人与自然和谐发展。发展生态旅游既有利于生态环境的保护，改善环境质量，又有利于区域经济的协调发展，对构建社会主义和谐社会具有重要的理论意义和现实意义。

#### 1. 有利于改善环境质量，推进生态文明建设

生态旅游作为新兴旅游形式，是针对旅游业对环境的影响而产生的全新旅游业，

重在促进人与自然的和谐发展、可持续发展。生态旅游强调干净整洁的生活环境和健康文明的人文环境，倡导对生态环境的保护，将环境质量纳入考核范畴，生态旅游开发注重对旅游资源的可持续利用。生态旅游有利于实现人、自然和社会的协调发展，是践行生态文明的有效路径。同时，生态旅游有别于传统旅游，在于它具有寓教于游的功能，生态旅游者在参与旅游的过程中，接受了生态文明教育，培育了生态文明理念，提升了生态文明素质，增强了对自然环境的保护责任，在一定程度上减少了旅游带来的次生环境破坏。发展生态旅游，有助于不断改善生活环境质量，有助于保护自然生态资源，有助于推进生态文明建设迈上新台阶。

**2. 有利于优化经济结构，促进经济持续增长**

目前我国经济结构不合理的问题尚未从根本上解决，产业结构仍需不断优化，旅游业在经济转型升级中显得越来越重要。一是发展生态旅游能够带动一、二产业的发展，将经济效益拓展到各个区域，实现三大产业的协调发展。二是发展生态旅游有利于提高资源的利用率，改变传统产业及传统经济增长方式对资源的利用方式，达到生态效益与经济效益双赢。三是发展生态旅游业有利于传统价值观念的转变，当地居民由传统第一产业的发展朝着产商旅结合发展的模式转变，实现经济结构转型升级，促进经济社会又快又好发展。

**3. 有利于保护传统文化，促进民族文化发展**

生态旅游主要是自然生态旅游，但也有民族生态文化、地域生态文化的旅游内涵。为了开发生态文化旅游项目和产品，就需要对当地民族文化资源进行深入挖掘、整理、继承、保护和发扬，以便进一步发挥民族文化资源的内在价值。以 2014 年国家生态旅游示范区——梅州雁南飞茶田景区为例，该生态园区总面积 450 公顷，是集茶叶生产、加工和旅游度假于一体的开放型旅游度假区，依托优越的自然生态资源和标准化种植的茶田，还有传统客家建筑的古村落——桥溪古韵，让游客在青山绿水之间品尝制作精致的美味佳肴和醇厚甘香的茗茶，寄情山水，传承文明，为游客提供一个完美的绿色的文化艺术之旅。

**4. 有利于升级旅游产业，优化旅游消费结构**

生态旅游作为一种低消耗、低污染、低投入、高效益的无烟产业和朝阳产业，对旅游产业转型升级发挥着积极作用。发展生态旅游，有利于实现旅游业的整体转型，促进旅游业由资源消耗型转变为资源节约型产业。同时，生态旅游对科技水平、从业人员素质和管理方式有一定要求，有助于科技含量、服务质量、配套设施水平和整体消费水平的提高。发展生态旅游业有助于改善旅游市场的消费模式，有助于旅游产品的开发利用，有助于旅游产业的整体布局，必将促进消费结构的合理优化。

## 二、生态旅游的发展路径

### （一）我国生态旅游的总体布局

按照全国自然地理和生态环境特征，依据《全国主体功能区规划》《全国海洋主体功能区规划》《全国生态功能区划（修编版）》《全国重要江河湖泊水功能区划（2011—2030年）》《全国生态保护与建设规划（2013—2020年）》等相关规划，结合各地生态旅游资源特色，将全国生态旅游发展划分为八个片区。不同片区依托自身优势，明确重点方向，实施差别化措施，逐步形成各具特色、主题鲜明的生态旅游发展总体布局。

**1. 东北平原漫岗生态旅游片区**

本片区包括大、小兴安岭、长白山、辽东丘陵森林，三江平原和东北平原湿地，东北平原西部草甸草原，大兴安岭森林草原等生态区域。总面积约126万平方千米，涉及辽宁省、吉林省、黑龙江省及内蒙古自治区赤峰市、通辽市、呼伦贝尔市、兴安盟。

重点发展方向是依托森林、湿地、草原及冰雪旅游资源，打造集森林观光度假、冰雪运动休闲、界江界湖界山观光、民俗体验于一体，辐射东北亚的生态旅游片区。加强与日本、韩国、俄罗斯、朝鲜、蒙古国合作，形成图们江流域、日本海等跨境生态旅游线路。

**2. 黄河中下游生态旅游片区**

本片区包括燕山、太行山、山东丘陵、秦巴山地森林，黄土高原农业与草原，汾渭盆地与华北平原农业植被等生态区域。总面积约92万平方千米，涉及北京市、天津市、河北省、山西省、山东省、河南省和陕西省。

重点发展方向是依托黄河沿线自然风光与民俗风情、太行山、燕山、秦岭、冀北草原等生态旅游资源，打造兼具黄河与黄土高原观光、山地观光度假、森林湿地休闲、滨海休闲度假等功能的生态旅游片区。大力推动京津冀旅游一体化发展。加快区域生态旅游快速通道建设，建立区域信息交互网，构建多层级、网络化、多部门协同的安全风险防范、应急救援、安全监督机制。积极拓宽国际生态旅游市场。

**3. 北方荒漠与草原生态旅游片区**

本片区包括内蒙古高原东中部典型草原与荒漠草原，内蒙古高原西部山地荒漠，阿尔泰山、天山山地森林草原，柴达木盆地、准噶尔盆地、塔里木盆地荒漠，祁连山森林与高寒草原，帕米尔—昆仑山—阿尔金山高寒荒漠草原等生态区域。总面积约284万平方千米，涉及内蒙古自治区（不包含赤峰市、通辽市、呼伦贝尔市、兴安盟）、甘肃省（不包含甘南藏族自治州）、宁夏回族自治区和新疆维吾尔自治区。

重点发展方向是依托山岳、草原、森林、绿洲、沙漠戈壁、峡谷及冰雪生态旅游资源，打造具有山岳与戈壁观光探险、草原观光休闲、绿洲度假、雪域体验、少数民族文化体验、户外运动探险等特色的生态旅游片区。加强祁连山、六盘山、贺兰山等跨区域生态旅游发展规划与建设。立足连接亚欧大陆和中国内陆地区的区位优势及边境沿线生态景观优势，加强边境地区生态旅游国际合作。

**4. 青藏高原生态旅游片区**

本片区包括藏东—川西山地森林，藏东南热带雨林季雨林，青海江河源区、甘南、藏南高寒草甸草原，藏北高原高寒荒漠草原，阿里山地温性干旱荒漠等生态区域。总面积约 225 万平方千米，涉及西藏自治区、青海省及云南省迪庆藏族自治州、四川省甘孜藏族自治州和阿坝藏族羌族自治州、甘肃省甘南藏族自治州。

重点发展方向是依托青藏高原高大山脉、江河源区、高寒草原大体量自然生态资源和神秘多姿的人文生态资源，打造具有高原生态观光与休闲、户外运动、文化生态体验、冰川科考、峡谷探险等特色的生态旅游片区。加强基础设施、旅游公共服务设施和生态环保设施建设，强化生态补偿，促进生态旅游业对特色农牧业及其加工业的融合带动作用。

**5. 长江上中游生态旅游片区**

本片区包括武陵—雪峰山与滇中北山地森林，湘赣丘陵山地森林，黔中部喀斯特森林，长江中游平原湿地与农业植被，三峡水库等生态区域。总面积约 145 万平方千米，涉及江西省、湖北省、湖南省、重庆市、四川省（不包含阿坝藏族羌族自治州、甘孜藏族自治州）、贵州省和云南省（不包含迪庆藏族自治州）。

重点发展方向是依托大江大河、湖泊湿地、山地森林、特色地貌景观及苗族、彝族、侗族、哈尼族、傣族等少数民族生态旅游资源，打造具有长江及其支流观光、喀斯特与丹霞地貌观光、亚热带森林观光、山岳与湖泊休闲避暑度假、长江流域民俗体验等特色的生态旅游片区。推动罗霄山区、秦巴山区、武陵山区、乌蒙山区等区域的生态旅游扶贫。利用长江经济带区域发展战略机遇，推动长江流域生态旅游协同发展，建设长江黄金旅游带。

**6. 东部平原丘陵生态旅游片区**

本片区包括浙闽山地丘陵森林，天目山—怀玉山山地森林，长江三角洲湿地与城郊森林等生态区域。总面积约 47 万平方千米，涉及上海市、江苏省、浙江省、安徽省和福建省。

重点发展方向是依托江河、湖泊、山岳、湿地、滨海等生态旅游资源，打造世界自然遗产观赏、江南水乡人文生态体验、江河湖泊湿地观光、滨湖滨海休闲运动等特色的生态旅游片区。强化生态旅游土地利用空间管制，合理确定游客容量，加强跨区生态旅游公共服务体系建设。

**7. 珠江流域生态旅游片区**

本片区包括桂粤山地丘陵森林，桂粤南部热带季雨林与雨林，珠江三角洲丘陵森林与农业植被等生态区域。总面积约42万平方千米，涉及广东省和广西壮族自治区。

重点发展方向是依托喀斯特地貌资源、岭南山岳资源、江河湖泊资源、温泉资源和壮族、苗族、瑶族等少数民族人文生态资源，利用毗邻港澳、东南亚的区位优势，打造具有山水观光、湖泊山岳休闲度假、健康养生、中越边关探秘、人文生态体验等特色的生态旅游片区。探索建立珠江上下游地区生态补偿机制，强化规划管控，防止生态旅游资源过度开发。加强与东盟生态旅游合作，构建中越边关生态旅游廊道。

**8. 海洋海岛生态旅游片区**

本片区位于我国东部与南部，涵盖我国领海及管辖海域、海岛（含海南岛），包括渤海、黄海、东海、南海等，拥有红树林、珊瑚礁、海草床等多种典型海洋生态系统及大于500平方米的岛屿6900多个，总面积约476万平方千米。

重点发展方向是依托丰富的海洋海岛资源和海上丝绸之路文化资源，打造具有海上观光、海上运动、滨海休闲度假、热带动植物观光等特色的海洋海岛生态旅游片区。积极推进海南国际旅游岛、平潭国际旅游岛建设，推动三沙生态旅游发展。建设国际邮轮港，开辟东盟海上邮轮航线，打造东南亚生态旅游合作区。

### （二）生态旅游的发展路径

“既要绿水青山，也要金山银山。宁要绿水青山，不要金山银山，而且绿水青山就是金山银山。”这是习近平总书记对于人与自然关系，经济发展同生态保护关系生动而深刻的论述。“两山理论”已成为新时代中国生态文明和绿色发展重要的理论基础和实践指导。生态旅游能通过发展生态旅游产业让百姓生活富起来，让生态环境美起来，它在保护的前提下开发生态旅游项目，建设基础配套服务设施，提供更多的就业岗位，从而提升生态环境质量，增加百姓的经济收入，满足人民的美好生活需要。

**1. 坚持林业生态创新发展**

林业作为传统的艰苦行业，在社会主义建设中具有举足轻重的作用，随着时代的发展和科学技术的进步，林业生态建设势在必行。这就要求我们在发展经济、利用林木进行各项社会主义建设的过程中，应对林业和林业生态加强保护，以维持自然界生态系统的平衡。林业生态建设创新发展，是林业行业可持续发展的必然需要，也是人与自然和谐共处的重要体现。

**2. 打造具有影响力的旅游产品**

地方政府和旅游部门应积极推进旅游与当地文化、林业、农业、经济和体育等行业跨界融合发展，推动全域生态旅游项目开发与发展，不断拓展衍生旅游新产品、新业态、新供给，提炼旅游特色，打造具有一定影响力的旅游品牌。以河南省为例，该省坚持文化引领、产业融合、生态优先、开放合作、创新驱动，以保护传承弘扬黄河文化为主题，力争到2025年，把河南省打造成为全球探寻体验华夏历史文明的重要窗口、全球华人寻根拜祖圣地、具有国际影响力的旅游目的地、国家文化产业和旅游产业融合发展示范区。

**3. 推动生态养生旅游可持续发展**

生态养生旅游是将生态旅游与养生旅游相结合的新兴旅游模式。生态养生旅游强调依托自然生态景观、生物的多样性、维持资源利用的可持续性，实现旅游业的可持续发展，帮助游客达到延年益寿、强身健体、医疗康复、修身养性等目的的专项旅游。以森林康养为例，森林康养是以森林生态环境为基础，以促进大众健康为目的，利用森林生态资源、景观资源、食药资源和文化资源并与医学、养生学有机融合，开展保健养生、康复疗养、健康养老的服务活动。医学研究表明，在森林中开展三天两夜的森林康养活动，可增加人体免疫细胞活性30%~70%左右，有效增强人体的免疫力和自愈力。

**4. 坚持环境保护与经济社会发展相统一**

生态兴则文明兴，生态衰则文明衰。人类文明演化与生态环境密切相关，人类文明的形成以森林茂密、水源充沛、土壤肥沃为条件，人类文明的衰落往往是因为气候变化、土壤沙化等因素造成的。在推进生态文明建设中，处理好环境保护与经济社会发展的关系是一个永恒的主题。生态旅游建设要在习近平生态文明思想的指引下，坚持生态优先、保护优先，生态优先是人类文明发展规律的总结，也是人类文明永续发展的内在要求。所以，生态旅游建设在有效发挥生态功能区主体功能、保护自然资源和生态系统原真性的前提下，要适度合理地开展综合利用、旅游康养等发展项目，实现生态效益、社会效益和经济效益有机统一。

## 第四节　现代林业

20世纪70—80年代以来，随着生态危机和环境问题的日益凸显，人们对传统林业的发展方式进行了反思与总结。林业资源是一种重要的自然资源，与生态环境息息相关。现代林业是科学发展的林业，是以人为本、全面协调可持续发展的林业，是体现现代社会主要特征，具有较高生产力发展水平，能够最大限度拓展林业多种功能，满足社会多样化需求的林业。

### 一、走进现代林业

#### （一）现代林业概念

林业，顾名思义，培育、保护、管理和利用森林的事业。一般认为，林业是大农业的组成部分，与农业中的种植业相似，区别在于其种植对象是木本植物。随着社会的发展，林业的内涵和范畴发生了巨大的变化。

古时候，林业主要是开发利用原始林，以取得燃料、木材及其他林产品。中世纪（公元476—公元1453年）以后，随着人口增加及森林资源的减少，局部地区出现森林减少的现象。从此，人们开始关心森林的恢复和培育，保护森林和人工种植森林逐渐成为林业的经营内容。

近代以来，人类开始把林业经营放在比较科学的基础之上。现代的林业则正在逐渐摆脱单纯生产和经营木材的传统观念，重视森林的生态和社会效益。

国内较早的对“现代林业”的定义是：现代林业即在现代科学认识基础上，用现代技术装备武装和现代工艺方法生产及用现代科学方法管理，可持续发展的林业。后来，这一概念进一步发展，定义为：现代林业是充分利用现代科学技术和手段，全社会广泛参与保护和培育森林资源，高效发挥森林的多种功能和多重价值，以满足人类日益增长的生态、经济和社会需求的林业。

因此，现代林业的内涵可以理解为：以和谐发展理论为指导，以现代科学技术为手段，全社会参与社会—生态系统的研究与管理，协调人与人的社会关系和人与自然的生态关系，实现人与自然的和谐共荣。

现代林业是充分利用现代科学技术和手段，全社会广泛参与保护和培育森林资源，高效发挥森林的多种功能和价值，以满足人类日益增长的生态、经济和社会需求的开放型林业。

现代林业是以可持续发展理论为指导，以生态环境建设为重点，以产业化发展为动力，以全社会共同参与为前提，推进全球交流与合作和新科技革命，实现林业资源、环境与产业协调发展，生态、经济和社会效益高度统一的林业。

### （二）林业在生态文明建设中的重要作用

森林是陆地生态系统的主体，林业是一项重要的公益事业和基础产业，承担着生态建设和林产品供给的重要任务，做好林业工作意义十分重大。林业对改善生态环境与促进经济社会发展具有重要意义，是生态环境建设的重要内容。

2003 年，《中共中央 国务院关于加快林业发展的决定》明确了林业发展的指导思想、基本方针、主要任务和政策措施，指出了林业发展要坚持以生态建设为主的可持续发展道路。在这个文件中，中央明确了必须把林业建设放在更加突出的位置。即："在全面建设小康社会、加快推进社会主义现代化的进程中，必须高度重视和加强林业工作，努力使我国林业有一个大的发展。在贯彻可持续发展战略中，要赋予林业以重要地位；在生态建设中，要赋予林业以首要地位；在西部大开发中，要赋予林业以基础地位。"

#### 1. 林业承担着保护自然生态系统的重大职责

林业不仅肩负了保护森林生态系统和恢复湿地生态系统的使命，还担任了保护和拯救生物多样性、改善和治理荒漠生态系统的职责。被誉为"地球之肺""地球之肾""地球的癌症"和"地球的免疫系统"的分别为森林、湿地、荒漠和草原，它们作为陆地生态系统中最重要的 4 个子系统，发挥着主导和决定性的作用的为森林和湿地生态系统。

经科学研究表明，70%以上的森林和湿地参与了地球化学循环过程，对生物界与非生物界之间的物质和能量交换发挥了重要作用，并维护了生态系统的平衡。因此，林业不管在当前还是在今后，都将是一项调节人与自然的关系的重要途径。

习近平总书记在十九大报告中指出："我们要建设的现代化是人与自然和谐共生的现代化，既要创造更多物质财富和精神财富以满足人民日益增长的美好生活需要，也要提供更多优质生态产品以满足人民日益增长的优美生态环境需要。必须坚持节约优先、保护优先、自然恢复为主的方针，形成节约资源和保护环境的空间格局、产业结构、生产方式、生活方式，还自然以宁静、和谐、美丽。"林业承担着保护和建设森林生态系统、保护和恢复湿地生态系统、治理和改善荒漠生态系统、维护和发展生物多样性的重要职责，肩负着保护自然生态系统的重大职责。

#### 2. 森林承担着我国实现碳中和发展目标的重要角色

当前人类共同面临的严峻挑战和建设生态文明需要着力解决的重大问题就是如何应对气候变化。其中森林生态系统不仅是陆地上最大的储碳库，同时，也是最经济的吸碳器。科学研究表明，森林在光合作用下，通常 1 公顷阔叶林一天可以消耗 1000 千克的二氧化碳，释放 730 千克的氧气，森林每生长出 1 立方米的蓄积量，平均要吸收 1.83 吨二氧化碳，释放出 1.62 吨氧气。只有减少二氧化碳等温室气体的排放才能维护全球气候安全。在《京都议定书》中就有明确规定，工业直接减排和森林碳汇间接减排是2条主要的减排途径。森林碳汇减排与工业减排相比，不仅投资少、代价低，且综合效益大，为此，其成为世界各国的基本共识和共同选择。

**3. 森林构建生态安全格局的重要保障**

森林是生物圈的能量基础，是生物多样性的摇篮，同时可以涵养水源，遏制水土流失，制造洁净空气，优化人居环境。森林在生态系统中的重要地位和作用，也决定了以森林为经营和管理对象的林业在生态安全中的地位和作用。林业承担着构建国土生态安全格局主体工程、保护和经营森林、维护木材安全、保护生物多样性、应对气候变化、维护国家生态利益、参与全球生态治理的重要任务。第八次森林资源清查显示，我国人均森林面积仅为世界人均水平的1/4，人均森林蓄积量只有世界人均水平的1/7。我国用不到世界3%的森林蓄积量，支撑着占全球23%的人口对木材等林产品的需求，又要维护占世界7%的国土生态安全，森林资源面临巨大压力。

2018年，国家林业和草原局发布了《国家储备林建设规划（2018—2035年）》，计划到2035年，建成国家储备林2000万公顷，建成后每年蓄积量净增加量约2亿立方米，促进我国木材生产由粗放向精准转变，数量型向质量生态型转变，生产力布局由被动适应向战略储备调整转变，实现总量平衡、结构优化、进口适度、持续经营的木材安全战略目标。

**4. 森林承担着促进绿色发展的重大职责**

林业是重要的绿色经济体，承担着促进绿色发展的重大职责。党的十八大强调要着力推进绿色发展、循环发展、低碳发展，形成节约资源和保护环境的空间格局、产业结构、生产方式、生活方式。绿色发展的特征是低消耗、低排放、可循环，重点是形成有利于生态安全、绿色增长的产业结构。林业既是改善生态的公益事业，又是改善民生的基础产业；既是增加森林碳汇、应对气候变化的战略支撑，又是规模最大的绿色产业和循环经济体；既是增加农民收入的潜力所在，又是拉动内需的主战场。依托林业发展绿色经济、实现绿色增长，是建设生态文明的重要内容。

**5. 森林承担着建设美丽中国的重大职责**

林业是自然美、生态美的核心，承担着建设美丽中国的重大职责。林业是自然资源、生态景观、生物多样的集大成者，拥有大自然中最美的色调，是美丽中国的核心元素。“无山不绿，有水皆清，四时花香，万壑鸟鸣，替河山装成锦绣，把国土绘成丹青”，一直是中国林业人的不懈追求和光荣使命。九寨沟、张家界、武夷山、西双版纳等，都因森林、湿地而美，因森林、湿地而秀。

林业是生态文明建设的关键领域和主要阵地，党的十八大首次提出建设美丽中国的重要目标，是对人民群众生态诉求日益增长的积极回应。林业承担着保护森林、湿地、荒漠三大生态系统和维护生物多样性的重要职责，是生态文明建设的关键领域，是生态产品生产的主要阵地，是构建美丽中国的核心元素。

### （三）当代大学生在林业生态建设中的使命

**1. 积极关注国家有关发展现代林业、建设生态文明的理念和政策，做好宣传和教育工作**

现在的大学生活早已进入了网络信息时代，大学生对网络信息的关注比以往任何媒体都要迅速和广泛。国家在网络上对发展现代林业和建设生态文明的各种宣传和解读，作为在校学生都要及时给予关注并广为宣传。大学生作为有着较高知识水平的青年人，对新知识、新理念的学习和实践有着独特的优势，更应为引导大众舆论、建设美丽中国而贡献自己的一份力量。

**2. 保护森林资源，及时举报滥砍滥伐、毁林开荒等违法行为**

森林在维护生态平衡、保护生态安全中发挥着决定性的作用。自然生态系统之间和生态系统内部各要素之间通过能量流动、物质循环和信息传递达到高度适应，从而使生态系统的结构、功能处于相对稳定的状态，即处于生态平衡的状态。但是，如果人类无限度地滥砍滥伐和毁林开荒，造成不可逆转的破坏，将会严重扰乱生态系统的平衡，带来不可估量的生态灾难。

据估测，如果地球上的森林消失，陆地上90%的生物就会灭绝，90%以上的生物量将会消失，90%的淡水就会汇入大海，就会减少60%的生物放氧。早在1984年，罗马俱乐部就呼吁：要拯救地球上的生态环境，首先要拯救地球上的森林。

当前我国正处在经济高速发展的过程之中，各行各业对木材的需求都呈现出与日俱增的现象。据统计，每一年我国都需要从国外进口大量的木材来满足国内的需求。供不应求的现状也造成木材的价格水涨船高，部分不法分子乘机进行滥砍滥伐，对森林资源造成了严重的破坏和浪费。因此，面对这种情况，我们需要及时向当地林业局或林业执法部门反映情况，以便于及时采取制止措施，挽救森林资源，保护生态环境。

**3. 引领林业在树立生态文明理念、繁荣生态文化中的主力军作用**

著名生态与社会学家沃斯特指出：我们今天所面临的全球生态危机，起因不在于生态系统本身，而在于我们的文化系统。要度过这一危机，必须尽可能清楚地理解我们的文化对自然的影响。也就是说，人类要自救的话，只有进行文化价值观念的革命。只有从思想文化的深层次解决问题才能从根本上医治“工业文明”顽疾，走出“工业文明”困境，才能实现经济社会的科学发展。

森林是人类文明的发源地，孕育了灿烂悠久、丰富多样的生态文化，如森林文化、花文化、竹文化、茶文化、湿地文化、野生动物文化、生态旅游文化等。千百年来，中华儿女种树用树、爱林赏林、借树寓意、以林抒情，留下了许多诗词丹青，形成了许多情操哲理，这些完全与生态文化核心价值观基本内涵相一致。

大学生从小学开始就被教育要具有热爱自然、热爱劳动的良好情操。我国历史文化中的很多山水文化都是当时文人墨客的借景抒情之作，很多都寄予着作者的喜爱山水之情。大学生可以继承和发扬这种山水生态文化，可以引领全社会了解生态知识，认识自然，热爱自然，树立生态价值观念，形成生态行为规范，为生态文明建设提供精神动力。

**4. 提升林业在发展循环经济、倡导低碳生活中的作用**

循环经济在物质的循环、再生、利用的基础上发展经济，是一种建立在资源回收和循环再利用基础上的经济发展模式。其生产的基本特征是低消耗、低排放、高效率。其原则是资源使用的减量化、再利用、资源化再循环（简称“3R 原则”）。

减量化（Reduce）原则。要求用尽可能少的原料和能源来完成既定的生产目标和消费目的。这就能在源头上减少资源和能源的消耗，大大改善环境污染状况。例如，我们使产品小型化和轻型化；使包装简单实用而不是豪华浪费；使生产和消费的过程中，废弃物排放量最少。

再使用（Reuse）原则。要求生产的产品和包装物能够被反复使用。生产者在产品设计和生产中，应摒弃一次性使用而追求利润的思维，尽可能使产品经久耐用和反复使用。

再循环（Recycle）原则。要求产品在完成使用功能后能重新变成可以利用的资源，同时也要求生产过程中所产生的边角料、中间物料和其他一些物料也能返回到生产过程中或是另外加以利用。

## 二、现代林业的发展路径

林业作为传统的基础性产业，它的发展关系到我国建设生态文明的百年大计，关系到经济社会可持续发展，关系到国民经济绿色发展的根基，发展林业已经成为全面建成小康社会的一项重大任务。笔者认为，随着经济社会的发展和“互联网+”技术的普及与应用，现代林业将向“智慧林业”“森林旅游”“森林康养”和“森下经济”等四个方向发展。

**1. 智慧林业**

随着“互联网+”技术的快速，传统林业面临着重大挑战，林业与互联网的结合就成了现代林业优化发展路径，同时，当前林业发展中最前沿、最亟待发展和完善的内容，也是中国绿色发展的必由之路。

智慧林业是在数字林业发展取得建设成果的基础上，将云计算、物联网、移动互联网、大数据等为技术支持，以绿色发展为主线，以统筹发展思想为前提，以市场对绿色产品和绿色服务的需求为导向，以跨界融合、创新为显著发展特点，以重点林区建设和绿色产品提供为抓手，遵循并践行新时代的资源观、生态观、价值观，全方位地提升生态林业、林业经营管理水平、林业生产以及民生林业现代化水平，推进林产品质量安全追溯体系和林业信息服务平台建设，倡导绿色林产品和绿色生态服务为主的绿色生产、生活方式，构建出科技信息现代化、管理方式协同化、绿色产出与服务高效化、能够有效支撑林业现代化发展的林业建设新模式和林业生产经营体系。

（1）森林资源调查便捷化

主要表现为使用无人机对森林资源数据进行获取、分析和人工处理。无人机是一种小型无人驾驶飞行设备，当结合地面控制站和数据链接时形成“无人飞行系统”或“无人机系统”。森林信息便是在无人机飞行系统拍摄影像的基础上获取，然后对影像进行畸变校正、连接点提取与平差、空三加密、影像自动匹配、正射影像纠正等处理后，进行树木参数的提取。“无人飞行系统”已经被证明是一种有效的森林资源调查工具，可以为林业提供低成本、高精度的遥感数据。通过无人机不仅可以获取具体的树木信息，还可以有针对性地进行森林资源调查及林区规划。无人机影像在森林资源调查和大规模清查方面具有天然优势，无人机能够以较低的成本获得大规模的树木信息，通过对影像的后期处理能够获得树种分布等具体信息。

（2）森林病虫害监测精准化

以被称为松树“癌症”的松材线虫病为例，它适生范围广、传播致死快、防治难度大，是目前世界上最重大的危险性检疫对象，是传染性极强的松树“癌症”。松树一旦感病，最快的 40 天即可枯死。如果不清理，整片松林从发病到毁灭只需 3 ~5 年时间。通过采取综合防控措施，能有效延缓松材线虫病扩散蔓延速度，为保护森林资源、实施林相改造赢得时间。2016 年 9 月，永康市开展了全省首例大面积无人机航拍枯死松木的测报工作，监测松林面积 33. 57 万亩，监测到枯死松木 8000 多株。2017 年 4 月，再次利用无人机航拍技术开展枯死松木清理结果的航拍验收项目，重点查看高山、远山等验收人员难以进入的地段，并对照上年 9 月的测报情况，检查这段时间枯死松木清理任务落实情况。采用无人机航拍技术，通过空中、地面联合的工作模式，全面、高效完成枯死松木清理情况验收工作，并为今后的工作提供数据支撑，从而进一步提高枯死松木清理质量和工作效率。

**2. 森林旅游**

随着生态休闲旅游的逐渐升温，森林旅游作为其重要形式之一，近年来呈现蓬勃发展的状态。1992 年，我国以“森林旅游”提法统领的林业旅游发展，2019 年，《国务院办公厅关于进一步激发文化和旅游消费潜力的意见》鼓励发展森林旅游、康养旅游、体育旅游等产品撬动消费。近年来，森林旅游已经发展成为我国林草业最具影响力和最具发展潜力的支柱产业。森林旅游已成为城镇居民常态化的生活方式和消费行为，已从观光旅游为主向观光游与森林体验、森林康养、休闲度假、自然教育、运动健身等多业态并重转变，成为人民喜爱的健康产业和幸福产业。“十三五”时期，森林旅游游客总量达到 75 亿人次，创造社会综合产值 6. 8 万亿元人民币。以江西省为例，2020 年，江西省首次开展江西森林旅游节，该活动将推动江西林业高质量发展的重要展示平台、宣传平台、交流平台和合作平台。

江西全省森林覆盖率达到63.1%，山清水秀，风景宜人，拥有发展森林景观利用的优势。依托“江西风景独好”品牌，大力推进山地生态游、森林度假游、森林养生游、城郊森林休闲健身游等特色森林旅游，积极开展森林旅游精品线路和品牌创建，加大宣传推介力度，开展“森林旅游+互联网”建设，形成线上线下宣传态势，进一步推广森林旅游产品。近年来，万载县通过政策推动，示范带动，完善基础设施等措施，撬动乡村生态休闲旅游转型升级，采取“土地林地资源变资产、资金变股金、农户变股东”的模式开发当地生态休闲旅游产业。开发出森林体验、竹下氧吧、赏花采果、田园观光、水上乐园、垂钓等农林生态经济景观园、赏花采果园、生态休闲园等项目，打造了一批为旅游服务的“农林家乐”“森林休闲山庄”“民俗度假村”“农林土特产品作坊”，走出了一条新农村建设与森林景观利用经营同步发展的路子。

**3. 森林康养**

传统的林业产业已经远远不能满足人们的需要，森林旅游给传统林业发展带来了深刻变化，拓展了森林的多功能利用途径，提高了森林福祉的利用水平，使林业与民生的关系更加广泛、更加深入，也为保护与利用、生态与产业找到了一条和谐发展之路。其中，森林康养是森林旅游的重要组成部分，发展森林康养产业，是科学、合理利用林草资源，践行“绿水青山就是金山银山”理念的有效途径，是实施健康中国战略、乡村振兴战略的重要措施，是林业供给侧结构性改革的必然要求，是满足人民美好生活需要的战略选择，意义十分重大。

森林康养是以森林生态环境为基础，以促进大众健康为目的，利用森林生态资源、景观资源、食药资源和文化资源，并与医学、养生学有机融合，开展保健养生、康复疗养、健康养老的服务活动。2019年，国家林业和草原局、民政部、国家卫生健康委员会、国家中医药管理局联合印发《关于促进森林康养产业发展的意见》。意见提出，到2022年建设国家森林康养基地300处，到2035年建设1200处，向社会提供多层次、多种类、高质量的森林康养服务，满足人民群众日益增长的美好生活需要。

第一，森林康养将成为人们提高生活质量的首要选择。森林特有的生物资源，能为人们提供特定的疗养体验。目前，森林疗法能有效解决肥胖、高血压、高脂血症等严重的健康问题和一些精神疾病。在众多长期处于亚健康状态的城市居民群体中，森林康养已经受到热烈的欢迎。此外，森林康养具有资源的不可替代性、方式的可持续发展性。在未来，森林康养活动将成为人们提高生活质量的首要选择。

第二，森林康养将成为低碳经济的发展路径。低碳，不单单是环境恶化问题的一种缓解方式，更演变为现代人的一种生活态度。低碳经济的普及，将人们的目光集中于如何创造一个健康的生活环境上。打造宜居环境，有针对性地开展养生活动，正属于低碳生活的一部分。同时，山地、森林作为人类最理想的康养场所，也印证了森林康养的生态意义。这意味着，森林康养将成为低碳经济的发展路径，推动低碳与经济生活的有机结合。

第三，森林康养将成为“创新驱动”的重要突破。“森林康养”试点，不仅是中国森林资源功能转型的新尝试，更是中国大健康产业与旅游业融合的新起点。在促进中国地区经济转型、生态经济升级的同时，森林康养产业的发展能够完善优化产业结构，探索商业新模式，进而推动经济发展新战略的制定。森林康养产业能够将传统旅游与疗养产业、文化产业、运动产业、养老产业等不同产业关联，快速实现集群化、基地化、规模化，培育出多功能的产业联合体。因此，森林康养产业有机会成为中国新的经济支柱产业，为国家和社会创造更多利益。

第四，森林康养将成为林业转型升级、实现生态扶贫的必然趋势。森林传统价值的弱化与康养价值的强化，充分肯定了森林康养的地位，并且为林业转型提供了新思路。同时，森林康养的社会经济效益直接决定了其社会经济价值。森林康养产业的发展，能够发挥山区的资源禀赋优势，带动山区农民脱贫致富。因此，森林康养是中国林业改革、林业创新、林业发展的有效方式，是推动百姓绿色增收致富、脱贫攻坚的必然趋势。

**4. 林下经济**

2012 年，国务院办公厅印发《关于加快林下经济发展的意见》提出：大力发展林下种植、林下养殖、相关产品采集加工和森林景观利用等为主要内容的林下经济。2017 年，江西省人民政府印发《关于加快林下经济发展行动计划的通知》文件，明确提出：重点打造油茶、竹类、香精香料、森林药材（含药用野生动物养殖）、苗木花卉、森林景观利用六大林下经济产业，不断提升林下经济对区域经济的拉动功能、对生态建设的支撑功能、对农民增收的促进功能。

# 第五篇 绿色生活：生态实践

## 第一节 美丽乡村

### 一、走进美丽乡村

#### （一）美丽乡村的提出

21 世纪以来我国经济发展迅速，行政体制、经济体制等改革也逐步深入，生活水平得到显著提高，但同时，城乡发展差异显著、经济发展不平衡等问题依然存在，国家对“三农”问题高度重视，中央一号文件多次提到“三农”问题，体现了国家对此的重视，如何解决城乡发展不均衡的问题，推动乡村发展、推进社会治理创新，是我国面临的重大挑战。

2008 年，浙江省安吉县提出“中国美丽乡村”计划，在全县实施美丽乡村建设，开启了中国美丽乡村建设的序幕。党的十八大提出“美丽中国”的建设，明确了“五位一体”的建设总布局，其中生态文明建设更是指出了尊重自然、顺应自然、保护自然的理念。2013 年，中央一号文件提出建设“美丽乡村”，在生态文明理念之下，对农村的生产建设、生态环境等进行综合提升。2017 年，党的十九大提出乡村振兴战略，并明确了总要求，全国各地的美丽乡村建设增速，让村民更富、环境更好、乡村更美，美丽乡村建设作为重要方向被全面推进。“十四五”规划中指出，解决好“三农”问题依然是全党工作的重中之重，在完成脱贫攻坚任务后，应将“三农”工作重心转移到全面推进乡村振兴中来。

民族要复兴，乡村必振兴。农业农村的现代化直接关系到中华民族伟大复兴的全局。在这个历史交汇期，必须慎重思考美丽乡村建设问题，走出一条符合中国实际的美丽乡村建设之路。

## （二）美丽乡村的概念及内涵

### 1. 美丽乡村的概念

“美丽乡村”这一概念，包含着丰厚的中国传统智慧和生态文明意蕴，表达了中国从建设工业文明到生态文明的战略转型，其核心关注点仍然是人的问题。古老的中国历经历史风雨而不倒，依然屹立在世界东方，靠的正是源远流长的中华文明。在漫长的岁月中，中华民族的先祖没有选择游牧民族逐水草而居的生活方式，而是选择定居下来，与恶劣的自然条件作斗争，兴修水利，发展灌溉农业，并由此形成了一整套完备的生态生活方式。在与自然相处的模式中，中华文明是温和的，讲求生生不息，讲求天人合一，讲求道法自然。这种在今天看来近似生态文明的智慧，根植于中国的乡村大地上。“美丽”作为生态文明的表达，“乡村”作为生态文明和古老中华文明的载体，“美丽”与“乡村”一结合，就代表了在古老中华文明复兴和生态文明建设下对乡村建设的目标要求。“美丽乡村”不是要回归传统的“鸡犬之声相闻”的小农社会以孕育文明，而是在当今社会实现农业农村现代化的硬性任务下，乡村实现生态发展，实现人与人、人与自然、人与社会和谐发展的生态文明路径选择。

“环境就是民生，青山就是美丽，蓝天也是幸福。”就字面意思而言，美丽乡村的首要内涵在于乡村自然环境优美、乡村人居环境良好。村容整洁、环境优美是美丽乡村的基本要求。而在习近平总书记的语境中，“美丽乡村”与“幸福家园”经常并列出现，如“为农民建设幸福家园和美丽乡村”“努力建设美丽乡村和农民幸福家园”“乡村文明是中华文明史的主体，村庄是这种文明的载体”等，文明是美丽乡村的应有之意。美丽乡村是一种美学阐述，代表了一种人与自然和谐共处、经济与生态良性互动的境界，主要包含两个层次，一方面是生态环境良好，另一方面是农民富裕、乡风文明。

因此，美丽乡村是一个综合性的概念，是“富裕、文明、宜居的美丽乡村”。“富裕”指向的是乡村的经济之美，“仓廪实而知礼节，衣食足而知荣辱”，这是美丽乡村首先而且必须达成的美丽指向。“文明”指向的是乡村政治、社会美丽，也就是乡村社会和谐所呈现的人文之美、秩序之美。“宜居”指向的是乡村的生态环境之美、人居环境之美，体现的是人与自然的和谐。

### 2. 乡村振兴战略

党的十九大报告中提出实施乡村振兴战略，提出了“产业兴旺、生态宜居、乡风文明、治理有效、生活富裕”的总要求，是关乎国计民生的重大战略部署。乡村振兴战略是一个系统的战略规划，从发展布局、产业融合、复兴乡村文化、建设生态宜居美丽乡村和健全乡村治理体系等多个方面系统阐释了乡村生活、生产和发展的建设原则和实施路径，涵盖了乡村建设和发展的各方面，为现阶段乡村建设制定了总的规划和实施方略。

“农业强、农民富、农村美”的乡村的全面振兴是其最终目标。“农业强”指农业的产值强、发展强，“农民富”指农民的口袋富、精神富，“农村美”指农村的环境美、生活美。乡村振兴战略中特别提出建设生态宜居的美丽乡村，拓展了其建设内涵，强调了环境整治、绿色发展等方面在乡村建设中的地位。

**3. 美丽乡村建设与乡村振兴战略的关系**

美丽乡村建设与乡村振兴战略各有侧重，但也有一定的重合，美丽乡村的三重指向与乡村振兴的二十字要求是相通的。将二者进行微观分析可以发现，美丽乡村的“富裕”内涵与乡村振兴战略中的“产业兴旺”“生活富裕”要求、美丽乡村中的“文明”内涵与乡村振兴战略中的“乡风文明”“治理有效”要求、美丽乡村中“宜居”内涵与乡村振兴战略中的“生态宜居”要求高度一致。美丽乡村是一个充满人文色彩的表达，体现着乡村群众对美好生活的向往和追求，体现了乡村发展的美好境界，是无法通过量化表达进行定量分析的。乡村振兴战略的二十字要求则恰恰弥补了美丽乡村概念表达方面的不足，用量化的语言解释了美丽乡村的定性表达。因此，“美丽乡村”中的“美丽”二字对应乡村振兴二十字要求的表达应当是“五个美丽”，分别是产业美丽、生态美丽、乡风美丽、治理美丽、生活美丽，对应的具体内涵是产业兴旺、生态宜居、乡风文明、治理有效、生活富裕。

对于美丽乡村建设和乡村振兴战略的关系，两者的建设路径本质上是相同的，从时效来看，美丽乡村是一项需要长期进行动态发展的工作，而乡村振兴战略是在当前这一时期内的工作部署；从实施路径看，乡村振兴战略是自上而下的由政府主推的战略部署，而美丽乡村建设的长期性和有效性则更需要自下而上的农民建设的主动性。

总的来说，乡村振兴战略是当前时期乡村工作总的指挥棒和部署，乡村振兴战略不等于美丽乡村建设，但也不是对立的，而是对其发展目标的提升、发展内涵的完善和发展路径的确定，同时，美丽乡村的建设，是重要的基础和先决条件。乡村振兴战略和美丽乡村建设是相互促进的关系，其本质和最终目的是相通的，即激活乡村活力，避免乡村的衰败和乡村文化的消失，促进城乡协同发展，助力农村建设问题的解决，最终实现乡村的可持续性发展。美丽乡村建设作为实现乡村振兴这一战略目标的重要的手段和途径，在这一时代机遇之下，必将焕发新活力。

### （三）美丽乡村的建设意义

建设美丽乡村是在十九大报告的精神指引下，也是实施乡村振兴战略中的一项重要任务，是缓解城乡发展差距、地区之间发展不平衡不充分的有效方法，也是满足亿万农民对美好生活的向往，完成全面建成小康社会这个重大的时代进步，体现了我国社会主义制度的优越性。农业是我国的国之根基、根本大计，有效解决“三农”长期存在的突出问题，为中华民族的复兴，农业必须现代化，必须强起来，才能充分解决粮食安全问题，满足农村人口的美好生活，方能支撑中华民族永续发展。

**1. 创新我国农村生态环境发展理念**

自习近平总书记提出加强生态文明建设以来，我国生态环境保护工作为之一新，逐渐形成了系统的习近平新时代生态文明建设思想体系，而美丽乡村建设，更是在生态文明建设的基础上，以实践丰富了生态思想体系，在改善民生、实现农业农村优先发展方面，具有很强的实践性和可操作性，是习近平新时代生态文明体系在乡村振兴方面的创新举措，为全球解决农村地区发展提供行之有效的“中国方案”。

**2. 加快推进农业农村现代化建设进程**

要想实现“农业强、农村美、农民富”这个首要目标，达到乡村振兴战略的“二十字”要求，实现农村宜居宜业，就必须加快推进农业农村整体的现代化程度，参照现代农业生产模式要求，实现生产方式、生产关系、生产资料等全面提升，走资源节约、环境友好的农业发展道路，有效提升农业现代化发展，从而提升农村社会经济的全面进步与可持续发展。

**3. 增强人民群众的幸福感、获得感、安全感**

无论是实施“乡村振兴战略”，还是坚持农业农村优先发展，中国共产党的初心和使命是为了保障人民群众的根本利益，从主要矛盾出发，解决不平衡不充分的问题，尤其是农村相对落后的问题。建设美丽乡村的初衷便是结合农村地区发展实际，不断恢复生态环境，改善当地人民群众生活，让绿水青山变成金山银山，从而增加农村的发展活力。

**4. 提升社会主义新农村建设水平的需要**

我国新农村建设取得了令人瞩目的成绩，但总体而言广大农村地区基础设施依然薄弱，人居环境仍不理想。推进生态人居、生态环境、生态经济和生态文化建设，创建宜居、宜业、宜游的美丽乡村，是新农村建设理念、内容和水平的全面提升，是贯彻落实城乡一体化发展战略的实际步骤。

## 二、美丽乡村的建设路径

### （一）美丽乡村的建设现状

在党中央的统一领导下，全国各地的美丽乡村建设正如火如荼地推进着，取得了令人瞩目的成就，涌现出安吉、婺源等一大批美丽乡村建设典型，脱贫攻坚战取得全面胜利，乡村人居环境持续改善，乡村改革不断深化，有许多值得借鉴的经验。但是，这并不意味着美丽乡村建设一帆风顺，在新时代背景下对美丽乡村建设有新的要求，美丽乡村建设仍然面临许多问题与挑战。

**1. 美丽乡村建设取得的成就**

随着中国社会主义现代化建设的不断推进，我国的美丽乡村建设取得了显著的成就。党中央领导全国人民打赢了脱贫攻坚战，提高了乡村贫困群众的收入和生活水平。乡村的人居环境持续改善，乡村基础设施和公共服务与城市之间的差距不断缩小，极大地提高了乡村居民在乡村生活的意愿。此外，伴随着乡村改革的不断深化，乡村社会的活力被不断激发，乡村发展的内在动力得到加强。

**2. 美丽乡村建设存在的问题**

美丽乡村建设与乡村振兴、“十四五”规划等国家战略有机地结合在一起，乡村开始富裕起来，农民的生活也随之改善，幸福感得到提升。美丽乡村建设是一个系统工程，是在乡村实现乡村产业发展、生态环境保护、精神文明提升相互协调、相互促进的过程。目前，我国的美丽乡村建设取得了一定成就，但还是存在以下5个突出问题：一是生态与产业融合发展深度不够；二是乡村环境和生态问题比较突出；三是优秀乡土文化生态亟待重建；四是乡村基层工作存在薄弱环节；五是相对贫困制约乡村美丽转型。对标“产业兴旺、生态宜居、乡风文明、治理有效、生活富裕”的美丽乡村建设目标要求，仍需要找出不足，不断推进美丽乡村建设。

**（二）美丽乡村的建设要求**

美丽乡村建设起源于社会主义新农村建设。经过十多年的发展，特别是在党的十八大将“生态文明建设”纳入“五位一体”总体布局、党的十九大提出乡村振兴战略、“十四五”规划提出“实施乡村建设行动”以后，美丽乡村建设的内涵更加深邃。

**1. 美丽乡村的建设目标**

美丽乡村是“产业、生态、乡风、治理、生活”五美齐全的乡村，美丽乡村建设的首要目标应当是满足“五美”的发展要求，从产业兴旺、生态宜居、乡风文明、治理有效、生活富裕5个方面着手长期推进。其中，产业兴旺强调乡村的经济建设，应加快构建符合乡村实际的产业体系，推动乡村在经济方面的振兴，为美丽乡村建设提供长久的经济保障。生态宜居要求美丽乡村建设不仅要环境优美，还应当建设人与自然和谐共生的生态。乡风文明则要求在美丽乡村建设中涵养、传承乡土文化，发扬优秀乡土文化的道德教化作用。治理有效则应当通过推进乡村治理能力现代化，加快构建符合时代发展的乡村治理体系。乡村社会中的人是美丽乡村建设的参与者，也是最终受益者。因此，美丽乡村建设落实到人身上最直接的体现是乡村居民收入水平、生活水平的提高，这就是生活富裕的要求。

美丽乡村建设的目标是要将乡村建设成一个五美乡村，促进乡村群众生活水平的提高。从国家宏观层面考虑，美丽乡村建设目标则更为宏大。即美丽乡村建设是通过乡村建设的各项措施，补足乡村发展的短板，缓和、解决我国当前社会乡村中主要矛盾的体现，夯实社会基础，以牢固的基础保障我国的社会主义现代化强国建设。

**2. 美丽乡村的建设原则**

美丽乡村建设的原则是以人民为中心。以人民为中心的发展思想贯穿了美丽乡村建设实践的始终，是美丽乡村建设的原则所在。美丽乡村的建设是为了人民，习近平总书记指出，解决好人的问题是三农问题的核心，针对农村环境整治，不管是发达地区还是欠发达地区都要搞，但标准可以有高有低。建设美丽乡村的目的就是要给人民造福，让乡村居民共享建设成果。“良好生态环境是最普惠的民生福祉”“要把解决突出生态环境问题作为民生优先领域”等习近平总书记的一系列重要论述，始终从乡村群众出发，保障了乡村群众平等参与、发展的权利，这正是美丽乡村建设的原则。

**3. 美丽乡村的建设方法**

美丽乡村建设的方法是统筹兼顾。生态本身就是经济，保护生态就是发展生产力。美丽乡村建设统一于社会主义现代化建设中，一方面，要不断地缩小城乡差距，在推进新型城镇化的同时进行美丽乡村建设，实现城乡一体化；另一方面，要将现代农业发展、生态文明建设统一起来，将生态环境保护、农民增收与地方政绩发展统一起来。习近平总书记指出，全面建设社会主义现代化国家，既要有城市现代化，也要有农业农村现代化要在推动乡村全面振兴上下更大工夫。要建设美丽乡村，实现乡村的全面振兴就必须运用系统工程，统筹各个方面的实践，协同发展。

### （三）美丽乡村的建设路径

在我国完成脱贫攻坚全面走向乡村振兴的历史时刻，美丽乡村建设的独特作用不容忽视，必须直面美丽乡村建设过程中存在的问题加以解决，促进我国“三农”工作的重心的历史转型。美丽乡村与乡村振兴战略深度融合以后，“美丽”就具有“产业兴旺、生态宜居、乡风文明、治理有效、生活富裕”的五重意蕴，应当从此着手补足短板，解决美丽乡村建设中面临的问题。

**1. 推动乡村绿色发展以实现产业兴旺**

“产业兴旺，是解决农村一切问题的前提”。产业兴旺是美丽乡村建设的目标，代表了乡村经济建设的良性发展，代表了农业的转型升级。一方面，培育乡村产业是建设美丽乡村的抓手之一，能够带动地方经济发展，促进乡村人口就业；另一方面，乡村产业链条成熟以后，又能反哺美丽乡村建设，为美丽乡村建设增强内在生命力，提供经济层面的支持。习近平总书记指出，推进乡村绿色发展，从广义来讲，就是要解决好人与自然和谐共生的问题。而目前我国美丽乡村建设应当从支持绿色农业发展、促进产业融合、发展壮大乡村集体经济入手，推动乡村绿色发展，实现产业兴旺之美。

**2. 改善乡村生态环境以实现生态宜居**

美丽乡村建设最直接的影响就是乡村人居环境、生态环境的改善。山清水秀、村容整洁是生态宜居的直接体现，是人文风光美与自然风光美的有机结合。习近平总书记指出，保护生态环境应该而且必须成为发展的题中应有之义。我国的美丽乡村建设已经很好地改善了乡村的生态环境，但是仍有一些薄弱环节需要加以重视，应当持之以恒地改善乡村环境。应当从提高农民地生态意识入手，不断协调以乡村人地关系为主要代表的人与自然之间的关系，持续推进乡村环境整治工作，达到生态宜居之美。

**3. 繁荣乡村文化以实现乡风文明**

乡村文化不能被矮化或丑化，而应该受到高度重视。乡村之所以令现代都市人群神往，一定程度上是因为在乡土文化影响人与人和谐的文明乡风。美丽乡村建设应从发掘优秀乡土文化、传承乡村红色革命文化和繁荣乡村文化产业入手，整合国家、地方以及乡村内部地资源，实现乡风文明之美。

**4. 凝聚乡村力量以实现治理有效**

“郡县治，天下安”，乡村社会的稳定对于中国实现跨越式发展的基础和前提。乡村治理有效体现的是一种秩序美，在这种秩序下，乡村社会中的每个成员各安其业。成员之间虽有矛盾客观存在，但是可以通过这种秩序进行化解，最大限度地降低了乡土社会运行的成本。当今乡村社会治理出现的种种问题在于乡村治理中各个主体的作用得不到有效发挥。为此，必须凝聚乡村建设力量，强化基层党组织建设，培养乡土人才，发挥农民美丽乡村建设的主体性作用，以实现美丽乡村建设中的治理有效之美。

**5. 推动城乡基本公共服务均等化**

脱贫人口依然在乡村社会中处于边缘地位，要防止脱贫人口被边缘化，就要提高公共服务供给，将政策资源对脱贫人口倾斜，对其兜底防止其返贫。此外，推动城乡基本公共服务均等化，也有利于弥合城乡差距，保障乡村居民的利益，以推动解决当前我国社会的主要矛盾。推动城乡公共服务均等化，应当从政策制定入手，以教育、医疗、社会保障3个方面为主要着力点，不断补足经济落后地区、乡村地区的民生短板，提高基本公共服务的供给能力和质量水平，增强城乡之间、发达地区与欠发达地区之间发展的协同性。在乡村公共服务供给政策制定时，公共服务部门应当注意决策的科学化与公平性，照顾欠发达地区、脱贫群众的利益，必要时政策与资源可以适当向其倾斜。相关部门应当建立协调保障机制，以保证城乡基本公共服务供给的均等化。

## 三、美丽乡村的典型模式

创建美丽乡村是落实生态文明建设的重要举措，也是在农村推进美丽中国建设的具体行动。自 2013 年初，农业部在全国开展美丽乡村创建活动以来，各地积极开展美丽乡村建设的探索和实践，涌现出一大批各具特色的典型模式，积累了丰富案例和范例。

农业部发布的十大创建模式包括：产业发展型、渔业开发型、草原牧场型、环境整治型、文化传承型、社会综治型、休闲旅游型、高效农业型、生态保护型、城郊集约型。

### 1. 产业发展型模式

产业发展型模式的特点是多分布在经济相对发达的东部沿海地区，通过发展龙头企业，结合乡村特色，发展“一乡一业”“一村一品”，实现产业化、规模化经营的微产业集群。隶属于江苏省张家港市南丰镇的永联村是其典型代表。

### 2. 生态保护型模式

生态保护型模式的特点是多分布在生态优美、自然条件优越，田园风光和乡村特色明显，环境污染少的地区，旅游资源丰富的乡村，可以将生态资源转变为经济优势，发展旅游产业。浙江省安吉县山川乡高家堂村是其典型代表。

### 3. 城郊集约型模式

城郊集约型模式的特点是多分布在大中城市郊区，作为城市的“菜篮子”基地，为城市提供农副产品是其主要目的，交通便捷、经济发展好、公共基础设施完善是其必备条件，高水平的集约化、规模化是其发展方向。上海市松江区泖港镇成为其典型代表。

### 4. 社会综治型模式

社会综治型模式的特点是分布在人口多，规模大的大型村镇。其地理区位优势明显，经济带动作用强，前期已具备一定的基础设施。其典型代表乡村是吉林省松原市扶余市弓棚子镇广发村和天津大寺镇王村。

### 5. 文化传承型模式

文化传承型模式的特点是具有丰富的传统文化资源优势，既包括丰富的人文景观资源，也包括独具特色的非物质文化民俗资源等。例如，古民居、古村落或者农民画、剪纸等技艺展示。河南省洛阳市孟津县平乐镇平乐村是这种模式的典型代表。

### 6. 渔业开发型模式

渔业开发型模式的特点是分布于沿海和水网地区的传统渔区，村民靠渔业为生，渔业是村民收入的主要来源，在农业中占主导地位。发展休闲渔业，延长淮业产业链是其发展方向。甘肃天水市武山县盘古村的“渔家乐”发展模式成为其典型代表。

**7. 草原牧场型模式**

草原牧场型模式的特点是多分布在以草原畜牧业为主的牧区，我国的牧区或者半牧区占全国国土总面积的40%以上，畜牧业是其产业发展基础和收入主要来源。依托牧区的自然条件，由天然放牧向舍饲养转变，由家庭式向规模化转变，休牧、轮牧保护生态环境，规模化产业经营成为其发展目标。内蒙古自治区太仆寺旗贡宝拉格苏木道海嘎查的“小三养”和特色养殖成为其典型代表。

**8. 环境整治型模式**

环境整治型模式的特点是针对农村环境问题严重的地区，既包括生态环境又包括人居环境，通过完善环境保护管理制度，加强环境保护，建设公共基础设施等措施加以改善。广西壮族自治区恭城瑶族自治县莲花镇红岩村在环境整治方面成为良好的典范。

**9. 休闲旅游型模式**

休闲旅游型模式的特点是在适合休闲游玩的地区，发展乡村旅游业。这种乡村需要具备丰富特色的旅游资源和餐饮、住宿、娱乐等完备的基础设施，与城市有适当的距离。江西省婺源县的江湾镇乡村旅游独具特色，成为这种模式最具参考价值的代表。

**10. 高效农业型模式**

高效农业型模式的特点是在我国农业生产基础设施完善的农业主产区，以提高农业机械化水平，增加粮食产量，提高农产品附加值为主要目标，实现农业的高效发展，为农民增收。福建省漳州市平和县的三坪村成为这种模式的典型代表。

每个乡村都有自身特色，在建设中都面临着各自不同的发展状况，乡村自身资源禀赋的不同，其借鉴的模式，采取的措施也不同，没有哪个乡村只遵照一种模式发展，应该是结合自身条件，综合采纳借鉴，取他山之石，因地制宜，创新发展。这十大模式，总结和提炼了美丽乡村建设的基本特征和发展规律，为各地在建设美丽乡村中提供有效借鉴，将全国各地的美丽乡村建设工作推向更高水平。

# 第二节　生态城市

## 一、走进生态城市

### （一）生态城市的提出

美国生态学家理查德·雷吉斯特认为生态城市，是低碳、充满活力、节能减排与自然协调发展的聚居地。从生态城市概念的表面来看它是以追求美好环境，反对污染为起点的。随着研究的深入，生态城市的概念已经超越了初衷，成为表达人类宜居城市的最好的综合性概念。生态城市是人类对于生活方式城市建设重新的一次选择。尽管生态城市研究的发展非常迅速，但是至今为止对于生态城市的概念诠释还没有盖棺定论。生态城市概念的内容十分广泛，从不同的方面来理解生态城市就会有不同的结论。

生态城市的概念正式进入我国学者的研究视域不足四十年，然而生态城市中国化的进程，改变了我国居民的居住环境和生活方式，引发人们对人类与自然环境的重新思考。为了更好地建设生态城市，必须充分理解其相关概念。

生态城市由“生态”和“城市”两个概念共同组成。这一概念，可以从不同的角度理解，不同学科领域其含义也有所不同。从生态学角度来讲，生态城市是指在城市这个组织中，人与社会以及自然界的各种生命体都处于相互和谐的状态。人与自然通过自组织和整合，在求同存异的前提下相互依存。在生态城市这个环境中，人与各种生物处于动态平衡中，人并不是主导各种生物的生命体，在这里人并不处于支配地位。

从系统学角度来讲，生态城市又有新的理解。系统学强调人与自然的和谐，人与自然、社会是一个不可分割的整体，三者之间既相互依存，又彼此不可取代。生态城市是人居形态的总和，在这里其主导作用的是意识和制度，人与自然以及社会，互为生存的前提和基础，离开了任何一方，都将影响到另两者的生存与发展。

关于生态城市的概念其实并没有形成权威的定义。从全球来看，生态城市在很多发达国家已经建成，并且具有一定规模，但是从理论上来讲，这些生态城市离理想中的生态城市仍有很大差距。我国相关领域的学者也对生态城市有自己的论述，由于研究角度和学科有所不同，他们所理解的生态城市也有所差别。总体来说，本书所指的生态城市，包括人与经济、自然以及社会的和谐发展，还包括环境资源的可持续发展。这里的城市，并不是传统地理意义所指的城市，而是人与自然和谐共处的区域，是一个包含社会、经济以及人、自然等多方面的复合生态系统。

### （二）生态城市中国化的具体内涵

我国遵循生态理念，积极探索建设生态城市的模式和道路，是顺应生态文明发展的趋势和要求。天津中新生态城，为我国生态城市的建设做出了表率，并且伴随着该生态城的兴建，生态理念得到了补充和升华，并总结出了一套可模仿和推广的生态理念，即“三个和谐”“三个能够”“三个和谐”是指人与自然、人与经济、人与人之间的和谐，而三个能够则指能够复制、能够实行以及能够推广。

在该生态理念的基础上面向未来，我国生态城市具体应包含以下内涵：

一是生态城市是一个复合系统，包括人、经济、社会以及自然 4 个子系统，这些子系统相互之间的关系各不相同，总的来说，自然系统是依托，社会、经济与人都以该系统为基础，共同构筑生态城市这个复杂的生态系统。

二是从经济角度看，经济子系统是生态城市实现发展的前提，因此在遵循自然环境效益的前提下，要充分利用资源，实现城市经济和生态环境的和谐、持续发展，这是所有系统中的重点与核心。

三是从社会角度看，真正的生态城市既能满足人们的基本生活需求，还能满足人们不断提高的生活品质需求，这就包括舒适的住房条件和生活空间以及良好的居住环境，因此生态城市不主张规模上的盲目扩大，而是要从资源供给和环境等方面来协调，以更好地满足人们的需要。

### （三）生态城市的功能定位

人是城市的主体，经济、社会、自然环境结合在一起构成了城市的生态系统。人和生态系统的融合，产生了生态城市。生态城市在对其功能进行定位时，要遵从以下 4 点：

#### 1. 生态城市的经济性

保证城市的功能不改变，城市建设的同时给经济发展提供良好的空间，保障人们的生产消费需求，提供生活必要的粮食、水、电等生活必需品，能够满足人们的交通、教育、医疗等需求，可以在城市建设、经济发展的同时，提高人们的精神追求，为人们追求更高层次的生活打下基础。

#### 2. 生态城市的特色性

保护自然生态环境不遭破坏，人们之所以提出生态城市的说法，是对工业文明和城市化运动进行的反思，所以，保护生态环境是生态城市建设的特点所在，在城市规划中，增添城市绿地面积，保持空气清新，把城市与工业区有机分离开来，抬高市场准入门槛，控制污水、废气、废物的排放，利用科技转化工业废弃物，降低空气中污染气体、粉尘、废物的含量，保护饮用水源安全等，让生活在城中的人们感官良好，让到过城市的人带着良好的口碑离开，让人与人之间传递的都是正面的信息和能量。打好本地特色牌，扬长避短，把自己的生态特色变成不可复制的独特作品。

**3. 生态城市的产业性**

生态城市建设不能只拘泥在“生态”和“城市”的字眼上，它还应该更侧重于向产业方面的发展，积极推动生态经济、生态生产业的兴起，在保护环境的基础上，促进农业、工业和其他产业的和谐共赢，最终建立成一个功能强大而完善的生态体系圈，成为一个系统，广泛涵盖社会各个领域及行业，进而逐步实现经济的循环、有序、可持续发展。

**4. 生态城市的连续性**

生态城市的建设目标需经过多方面科学的论证和考察，如果该目标一旦确定，就要作为一个长期的目标，要坚定不移地贯彻和执行，循序渐进，持续进行，把建设目标作为城市名片进行定位和宣传，要根据此目标打造独有的城市特色文明。不能朝令夕改，更不能因为不同界别的政府行政思路差别，而半途而废或者不了了之，从而影响城市发展进程。

## 二、生态城市的建设路径

### （一）生态城市的建设现状

自 20 世纪 80 年代始，我国便开始重视生态城市的建设，虽然起步比国外晚，但是也取得了一些成绩。国家和政府对于生态城市的建设也是高度关注，并且还将其纳入国家政策的范畴，专门制定了《生态环境建设规划》，生态城市的建设则在该规划下得以迅速展开。生态城市最先是从江西宜春的试点开始，再到 1999 年海南生态省的建设，并由此拉开了生态城市建设的序幕，我国开始大规模建设生态城市。之后，福建、山西等很多省份逐步推进，长江流域以上海为代表也开始将生态城市的建设纳入城市规划和建设中。到 21 世纪初，我国已经掀开了生态城市建设的热潮，全国范围内先后有 20 多个城市加入到生态城市建设行列中，旨在打造人与自然和谐共处的宜居环境。对于生态城市的建设，国家给予了高度重视，不仅出台了相关的文件规定，而且还组织学术研讨会，通过学习和研究为我国生态城市建设提供可行的理论指导，甚至推动了世界生态环境的和谐发展。除了生态城市，与之有异曲同工之妙的“园林城市”和“清洁生产城市”等先进城市形态也相继出现，为生态城市注入了新鲜血液和活力。

从目前各地生态城市的建设情况来看，成绩较为喜人的有吉林、南京、宁波、桂林以及珠海等城市，这些城市特点各不相同，但是在很多方面又具有共同点。如城市绿化覆盖率都达到了 40%以上，人均公共绿地面积均达到了 10 平方米，南京还建设了 17 个自然保护区，占全市总面积的近 10%。在这些城市当中，桂林的森林覆盖率高达 67%，是最具代表性的园林城市。广东珠海是有名的岛城，素有“千岛之城”的美称，为打造良好的城市环境，开发丰富的旅游资源，珠海本着以人为本的方针，在经济发展和旅游项目开发中，均以不破坏环境为前提。并且明确规定沿海、沿河80米范围之内只能建设景观路，不能建设商业建筑和住宅。对于高层建筑的面积和建筑用地当中的绿地面积也进行了严格规定，尤其注重城市绿化，据统计，珠海的人均绿地面积高达100多平方米，城市中生活垃圾和烟尘控制率为100%，而噪音和空气污染指标常年都处于达标状态，符合国家规定的相关标准。可以说，珠海是名副其实的生态城市和旅游城市，环境优美，没有噪声污染和空气污染，非常适合人类居住。在全国十大宜居城市当中，珠海名列前茅，并且曾于1998年获得了联合国办法的“改善人类居住环境最佳行动奖”，由此可见，珠海在国家范围内都是首屈一指的生态城市。

通过比较分析我国各城市中生态系统建设得分较高的大中城市，我们发现，我国城市生态绿化环境人均不足10平方米，虽然比当前国家制定的城市人均公共绿地面积6平方米的标准高出一点，但是相较联合国有关生态与环境的组织制定的人均60平方米的人类最佳生存生态的标准相差甚远。据了解，世界众多发达国家的人均绿地面积均高于联合国标准，如波兰的华沙达到了90平方米，澳大利亚的堪培拉达到了70.5平方米，奥地利的维也纳达到了70平方米。通过对比发达国家的人均绿地指标，我们不难发现，虽然我国跟国外的计算方法有所差异，但是我国人均绿地水平与世界平均水平相差明显。

### （二）生态城市建设原则

生态城市的建设必须坚持生态优先的原则。生态优先，也就是保护优先，即在进行城镇建设时必须考虑环境的承载能力，这是硬性指标，是对环境保护最起码的态度。在建设过程中如果遇到生态利益与其他利益冲突，必须优先选择生态利益，首先要满足生态安全，在此基础上做出有利于生态保护的决定。

生态优先原则是随着人类社会的发展而提出来的，在工业革命之前，人类的生产活动基本上不会对环境造成影响，因此没有也不必要强调生态保护这一原则。但是在工业化革命之后，因为单一追求经济的发展导致了对环境的严重破坏，空气污染，生态恶化，人类的生存环境已经受到威胁。因此，当前的城镇建设必须把生态保护放在首位，这是人类可持续发展的前提。

### （三）生态城市的建设路径

生态城市建设是人类城镇化过程中后工业时代的必然选择，推进生态城市的建设，主要有以下2个路径：

#### 1. 依托区域经济发展重点城镇

在选择重点城市建设时，首先要考虑当地区域的综合状况，不能随便指定一个城市作为重点生态城市的建设典型。我国地区辽阔，人口众多，全国的小城镇星罗棋布，数不胜数。正因为如此，只依靠小城、小镇的规模很难有突破性的发展，因为小的集市、城镇难以获得产业发展所需要的人口支持，人口规模不足则后继的经济发展就缺乏劳动力资源。因此，从长远发展来看，小集市、小城镇必须向大型的中心城镇靠拢和集中。总的规划布局思想为：根据当地的区位优势，把大型的中心城镇作为核心点，科学对小城镇进行合理布局，完善小城镇的功能设施，以此推进农村的农业、非农产业及乡镇企业发展的协同运作，从而形成相对丰富的产业结构布局。在城市文化建设方面，使各种创新技术产业和城乡一体化交融，形成小规模的城市基础设施集群，推动乡村和小集市、小城镇的共同繁荣发展。

选择中心城镇进行生态规划建设时须考虑城镇未来的各种需求，并要满足以下5个科学的选择标准：

一是人口基数标准。人口是城镇长远发展的基本动力，因此所选择的重点中心城镇必须有强大的人口吸引力，不但要吸引本地的常住居民在此发展，同时还要吸引外来的流动人口来此发展，人口达到一定规模才能提供当地经济发展所需要的劳动力资源。

二是区域均衡标准。选择中心城镇是为了促进本区域经济的整体发展，而不只是发展重点城镇本身，所以在选择重点中心城镇时要考虑该城镇是否可以成为本地区的经济增长中心，同时该经济增长中心是否能够辐射到本地区的其他小集市和小城镇，使得本地区的经济增长实现合理布局和均衡发展的目标。

三是经济实力标准。发展生态城镇，是一个科学的规划，但生态城镇建设并不是和经济增长相违背的，相反，生态城市的建设需要经济支持，因此所选择的中心城镇必须有一定的经济基础，必须达到标准生态城镇建设所要求的各项最低的经济指标，如果达不到最低经济标准，则该中心城镇难以肩负起生态城镇建设的使命。

四是生活状况标准。生态城市建设是以科学发展观为理念的，坚持以人为本，所以无论是该区域的人均收入水平、人均居住水平，还是人均消费水平都应当达到相应的指标，这些指标还包括人均用电量、人均自来水使用量等，而且本地的教育教学基本条件、文化娱乐基本设施等也要达到最低标准。

五是发展潜力标准。所选择的重点中心城镇必须有长远的发展潜力，在自然资源、交通运输、区域面积等方面具备发展优势，同时具有明显的区位优势。

**2. 依托生态产业发展生态城市**

当前，我国各个地区都已步入城镇化的加速发展时期，这是我国经济发展到一定程度的必然结果。由于我国各地城镇政府面临经济增长的压力，即把经济增长看得过于重要，所以在进行城镇建设时往往忽略了环境友好、生态友好等指标的考量，也就是说我国当前的城镇化建设多是粗放式的。因此，当前的城镇发展必须遵循科学发展观的理念，坚持生态化发展，注重环境保护和长远发展，走产业生态化的路线。

产业生态化，是以生态经济学理论为基础，以生态理念、综合系统经济指标去管理传统产业，发展新型生态产业，以达到经济效益和社会效益的最优。也就是说，发展生态产业，必须把各个经济环节包括生产加工、产品分配、产品流通、物品消费及再生产等统筹管理并进行科学的优化耦合，在充分利用自然资源的同时也对自然环境进行充分的保护，经济增长绝不以破坏自然环境为代价，从而实现全社会的经济可持续发展。

通过对发达国家城镇化发展道路的研究发现，产业生态化对整个社会的各个方面都有强大的促进作用，当然对城市建设的快速健康发展也能提供强大的助力。宜人的生态环境本身就会对产业健康发展产生强大的正面效应，以生态经济学原理和生态经济理念为指导，对生态化小城镇进行合理布局、合理规划，科学建设，这样就能有效地解决以往城镇化建设过程中出现的生态破坏、资源浪费和环境污染等一系列对人类发展有害的问题，从而实现产业生态化的健康利用和健康发展。

## 三、生态城市建设的典型模式

生态城市的模式受到政治、经济、自然资源等多方面因素的影响。由于各地经济基础、自然环境等因素的不同，采取的发展模式各有重点、各具特色。

### 1. 国外生态城市模式

目前，美国、巴西、新西兰、澳大利亚、南非以及欧盟的一些国家都已经成功地进行了生态城市建设。这些生态城市为世界其他国家的生态城市建设提供了范例，研究这些生态城市的规划和管理经验，无疑会对我国的生态城市建设产生积极的指导意义。这些生态城市采取的发展模式，主要有以下 4 种：

（1）循环经济推动模式。以循环经济为支撑，其核心是建立新型循环体系，开发、使用新能源，循环利用企业产生的废弃物，减少环境污染。澳大利亚的怀阿拉市就是通过能源的综合利用，实施能源替代，从而解决发展过程中的能源、资源问题。

（2）绿色发展模式。绿色交通是将公共交通系统作为城市发展的骨架，引导城市沿公共交通干线有序扩张。如丹麦的哥本哈根利用公交引导城市发展，成功建立了方便快捷的城市快速交通系统。鼓励人们养成良好的环保理念，多步行、骑自行车、乘坐公交车。开发新能源，利用可更新能源，减少污染。巴西在高新技术燃料方面进行积极创新，全国大部分汽车都用乙醇燃料，保护了环境，保证了城市可持续发展。

（3）生态网络模式。此种模式注重城市的总体规划，合理规划好住宅区、商贸区、工业区、政务区、教育区等，多建城市园林式公园。新加坡在这一方面做的比较突出，充分利用水体和绿地，开展绿色和蓝色规划，净化水资源，绿化城市环境，建设更多的公园和开发空间，构建花园城市，提高人民的生活质量。

（4）公众参与模式。政府引导市民积极参与各种层次的宣传活动，充分体现公众是生态城市建设者、管理者、维护者。澳大利亚的怀阿拉市在公众参与方面为其他城市树立了典范。

**2. 国内生态城市模式**

我国生态城市发展走什么样的模式，通过什么途径，如何建设，不能照搬他国模式，必须以科学发展观为指导，因地制宜，建设符合当地实际情况的生态城市。主要有以下 5 种发展模式：

（1）生态工业发展模式。生态工业发展模式强调发展工业和产业时，要求这些工业向园区集聚，在集聚区内建立循环发展的产业园区。这种发展模式要求该地区的经济条件比较好，有一定的经济基础，该地区的工业、企业等相对较多，同时也建立了相对完善的各种配套的基础设施。

（2）生态农业发展模式。生态农业发展模式强调土地经济的规模化，发展理论是建立生态城郊观光型和林粮牧业型的生态农业。这种发展模式一般适应于城市的偏远郊区，如城乡接合处的蔬菜水果种植基地和肉禽蛋类的生产供应基地等。这种方向主要在农业方面，根据其空间发展领域，在提升农业科技水平方面加大投入，提高农产品的生产效率，加快农产品的商品化流通，推进生态农业的发展，达到人与自然的和谐共处、协调发展。

（3）生态服务业发展模式。服务业是当前经济增长的主流产业，生态服务业可分为生态旅游业、生态物流业两种模式。发展生态旅游业的城市一般是分布在自然生态功能区之内，具有优越的生态功底和生态资源，因此这类城市的发展必须依靠本地丰富的旅游资源，在发展生态旅游业的同时会带动餐饮、住宿、交通等各种服务业的需求，从而带动经济的发展。对于生态物流模式发展的城镇，则要求其地理位置处在比较核心的交通枢纽地带，如铁路枢纽、公路枢纽、水路枢纽等，具备发展物流的天然优势，以物流业为主导带动当地服务业的引致需求，从而达到经济的可持续发展。

（4）生态居住发展模式。生态居住城市是指那些适合人类居住生活的地区，比如说中国的威海小城曾 3 次被联合国评为“最宜居城市”，在这些区域要对人口居住进行管理以更好地建设生态居住区。进行生态城市规划时，必须以改善城区的公民居住环境为原则进行基础设施的完善和建设。在建设过程中，政府部门要时刻关注居住区公民亟待解决的各种难题，加大交通、环保、生态绿植、给水排水、休闲娱乐、体育健身等基础性设施的投入，提高人们的居住水平和总体生活质量。完善的生态居住体系建立之后，伴随而来的有餐饮、保健、美容美发等各种需求，从而提高当地的消费、刺激经济发展。

（5）生态消费发展模式。无论是哪一个城市，生态消费都是城镇化发展过程中的一项重要任务。生态城镇化的发展不但要创新生态型的消费模式，同时也要改变破坏环境、浪费资源的消费模式，要建立“政府主导、居民参与、企业互动”三方的联动体系。首先，政府应该加大宣传和教育，制定相应的法律法规，并根据生态城市消费的实际形势和具体状况，制定合理的具有可操作性的消费制度；其次，居民要树立新的生态循环的消费观念，养成良好的科学的消费意识，改变不良的消费习惯，根除“炫耀性消费”“面子消费”等传统的不健康的消费理念，同时也要摒弃“过度消费”“便捷性消费”“一次性消费”等受西方发达国家影响产生的不科学的消费习惯；最后，企业要提供更好地服务并进行产品创新，生产更多可供选择的生态环保型的产品，引导大众进行绿色消费。

## 第三节　公民生态文明行为

公民生态文明行为是指在生态文明建设的时代背景下，公民为更好地尊重自然、顺应自然、保护自然，改善环境问题，破解生态难题，实现经济社会可持续发展，在对以往理念、观念及行为习惯的深刻反思中，积极提升生态文明素养，树立生态文明意识、掌握生态文明知识，并在生态文明意识支配下进行的一系列有利于生态文明建设的行为和活动的总称。大学生作为我国生态文明建设的生力军，应积极提升生态文明素养，践行公民生态环境行为规范，促进生态环境行为养成，以实际行动做生态文明和美丽中国的建设者、引领者和示范者。

### 一、公民生态文明素养

#### （一）什么是公民生态文明素养

生态素养是指人类正确处理人与自然关系的能力以及在日常生活中养成用生态环保的思维方式看待问题、处理问题的行为和习惯，主要包括生态知识素养、生态伦理素养、生态情感素养、生态行为素养等。生态知识素养是指能够正确认识人与自然和人与环境的关系，理解生态环境相关问题成因及对策。生态伦理素养是指具备正确的伦理价值观，能够在环境行为实践中尊重一切生命体的生存权利和价值，懂得维护人与自然、人与社会、人与人的关系的和谐。生态情感素养是指具有尊重自然、顺应自然、保护自然，与自然和谐相处的内在情感，使保护生态环境成为发自内心的自觉行动，实现从他律走向自律。生态行为素养是指能够把生态素养认知、情感及信念转化为自觉的生态文明行为习惯，能够主动运用所学知识和技能解决生态环境问题。

生态素养要求人们在掌握生态文明知识的基础上，坚持对环境问题的认知与生态环境行为有机结合，坚持他律与自律相统一，能够尊重生态环境基本规律，以适当的伦理价值观评价环境问题，具有正确的积极的生态环境行为。

### （二）提升公民生态文明素养的主要途径

#### 1. 提升生态意识

要求公民要尊重自然界中的一切事物及其运行规律，把人与自然放在一个平等的关系上，人与自然的关系是“和谐共生”“互惠互利”的关系。人们的一切言行，都应当对生态环境高度负责，力求维护自然生态的平衡。在日常生活中不应当有任何轻视自然的态度和有意损害自然的行为和倾向。

#### 2. 珍惜自然资源

要求公民在生态环境的承受能力范围内合理开发和利用自然资源，珍惜可利用自然资源，倡导绿色消费，实现社会的可持续发展。对恒定资源可因地制宜，充分利用。对可再生能源合理地加以利用，坚持消耗与培植相结合，使资源生生不息。对不可再生资源，坚持保护和综合利用相结合，尽量减少“二次污染”。

#### 3. 崇尚简约生活

要求公民适当合理消费，避免高消费、高污染造成的浪费和危害，做到“量入为出”，树立文明、合理、健康的消费观念，反对奢侈浪费、超前消费、盲目攀比的消费观念，发扬艰苦奋斗、勤俭持家的优良传统美德，崇尚简约适度的生活方式。

#### 4. 保护生态环境

要求公民从人类的整体利益出发对待生态环境问题，在思想上和行动上，具有高度的生态责任感，自觉地把个人的命运和人类的前途联系在一起，谴责和反对为了获得自身利益而损害生态环境的行为，勇于与破坏生态环境行为作斗争。

## 二、《公民生态环境行为规范》

#### 1. 什么是《公民生态环境行为规范》

2018 年 6 月 5 日，生态环境部、中央精神文明建设指导委员会办公室、教育部、共青团中央、中华全国妇女联合会五部门，联合发布《公民生态环境行为规范（试行）》，倡导简约适度、绿色低碳的生活方式，公民践行生态环境责任，携手共建天蓝、地绿、水清的美丽中国。

《公民生态环境行为规范》是为牢固树立社会主义生态文明观，推动形成人与自然和谐发展现代化建设新格局，强化公民生态环境意识，引导公民成为生态文明的践行者和美丽中国的建设者制定的。行为规范包括关注生态环境、节约能源资源、践行绿色消费、选择低碳出行、分类投放垃圾、减少污染产生、呵护自然生态、参加环保实践、参与监督举报、共建美丽中国等 10 个方面。

**2. 如何贯彻《公民生态环境行为规范》**

贯彻《公民生态环境行为规范》要求公民加强对该规范的学习，主动规范自身行为并发挥示范引领作用，形成社会公众人人参与生态文明建设的良好局面。《公民生态环境行为规范》的 10 方面要求如下：

**第一条** 关注生态环境。关注环境质量、自然生态和能源资源状况，了解政府和企业发布的生态环境信息，学习生态环境科学、法律法规和政策、环境健康风险防范等方面知识，树立良好的生态价值观，提升自身生态环境保护意识和生态文明素养。

**第二条** 节约能源资源。合理设定空调温度，夏季不低于 26 度，冬季不高于 20 度，及时关闭电器电源，多走楼梯少乘电梯，人走关灯，一水多用，节约用纸，按需点餐不浪费。

**第三条** 践行绿色消费。优先选择绿色产品，尽量购买耐用品，少购买使用一次性用品和过度包装商品，不跟风购买更新换代快的电子产品，外出自带购物袋、水杯等，闲置物品改造利用或交流捐赠。

**第四条** 选择低碳出行。优先步行、骑行或公共交通出行，多使用共享交通工具，家庭用车优先选择新能源汽车或节能型汽车。

**第五条** 分类投放垃圾。学习并掌握垃圾分类和回收利用知识，按标志单独投放有害垃圾，分类投放其他生活垃圾，不乱扔、乱放。

**第六条** 减少污染产生。不焚烧垃圾、秸秆，少烧散煤，少燃放烟花爆竹，抵制露天烧烤，减少油烟排放，少用化学洗涤剂，少用化肥农药，避免噪声扰民。

**第七条** 呵护自然生态。爱护山水林田湖草生态系统，积极参与义务植树，保护野生动植物，不破坏野生动植物栖息地，不随意进入自然保护区，不购买、不使用珍稀野生动植物制品，拒食珍稀野生动植物。

**第八条** 参加环保实践。积极传播生态环境保护和生态文明理念，参加各类环保志愿服务活动，主动为生态环境保护工作提出建议。

**第九条** 参与监督举报。遵守生态环境法律法规，履行生态环境保护义务，积极参与和监督生态环境保护工作，劝阻、制止或通过“12369”平台举报破坏生态环境及影响公众健康的行为。

**第十条** 共建美丽中国。坚持简约适度、绿色低碳的生活与工作方式，自觉做生态环境保护的倡导者、行动者、示范者，共建天蓝、地绿、水清的美好家园。

## 三、公民生态文明行为养成

### 1. 衣食住行中的生态文明行为

（1）衣物选用：
不宜过量采购衣物，产生资源浪费；
旧衣物可捐赠给公益组织或贫困地区；
不购买或穿着野生动物皮毛制作的服饰；
不购买或使用野生动物皮毛制作的床上用品。
（2）衣物洗涤：
优先选用能效等级高的洗衣机；
少用干洗，减少化学药剂对环境的影响；
小件衣物尽量用手洗，衣物集中洗涤比少量衣物多次洗涤更节水节电，少用烘干；
选择无磷洗衣粉或洗衣液；
衣物浸泡 20 分钟左右再用洗衣机洗涤省时节水节电；
洗衣机脱水时间一般不超过 3 分钟，延长脱水时间意义不大；
洗衣水可用于冲洗马桶、拖洗地板。
（3）厨房的节能措施：
烹饪食物要适量，防止浪费；
减少食物加热的次数和时间；
提前淘米并浸泡 10 分钟再放入电饭煲煮饭可节电 10%；
淘米水浇花、洗碗，效果较好；
选用高压锅、电高压锅比普通电饭煲和其他蒸锅更省能源；
燃气器具点火前准备好食物材料，减少炒菜过程灶具等待时间；
燃气火焰分布面积与锅底相平，颜色纯蓝时为燃烧最全状态；
大火比小火烹调时间短，可以减少热量散失；
夏季烧开水前先不加盖，自然升温至空气温度再加盖，可省燃气；
蒸制食物时蒸锅里的水以蒸好后锅内剩半碗水为宜；
使用微波炉时，较干的食品加水后搅拌均匀，每次加热食品不超过 0.5 千克为宜，尽可能使用“高火”；
减少解冻食品时开关微波炉的次数，可提前将食品解冻；
少用保鲜膜，多用玻璃、带盖的瓷碗或其他密封式器皿保存食物；
炊具、食具上的剩菜、油污，尽量刮净后再清洗，减少清洁剂及水的消耗；
清洗碗筷时，尽量减少流水清洗时间。
（4）冰箱的使用：
购买冰箱时，应选用无氟冰箱，以减少对臭氧层的破坏；

冰箱一般应至少在两侧预留5～10厘米、上方和后侧各10厘米的空间帮助散热，不要与其他家用电器放一起，以防增加冰箱耗电量；

食物在放入冰箱前，应先将其冷却到室温后再放入冰箱内，食品之间保留10毫米以上的空隙；

减少冰箱开门次数以减少冷量损失，节省用电；

冰箱内食物之间适当保留一定的空隙，存放食物总量以占容积的60%～80%为宜，过少过多均会增大用电量；

将几个塑料盒盛水，在冷冻室制成冰后放入冷藏室，能延长停机时间、减少开机时间。

（5）房屋装修与修理：

文明施工，做好围挡，禁止高空抛物，防止建筑垃圾等洒落等造成人员意外伤亡；

尽可能减少装修过程中的粉尘污染和噪声污染，提倡湿式作业；

房屋装修提倡简约大方，轻装修、重装饰，提倡购买具有绿色环保标志的环保节能材料和环保家具；

墙面粉饰采用浅色涂料，利用室内受光面的反射性有效提高光的利用率，节省用电；

插头与插座选用质量可靠的产品，确保与家用电器的功能匹配，减少因接触不良、插头插座过热等导致的电能浪费；

建筑垃圾应运至指定收集点，禁止随意丢弃；

重视室内外环境绿化，改善人居环境。

（6）照明：

购买节能灯具灯泡，选择合适的瓦数；

随手关灯、人走灯灭；

多头照明灯具使用分档控制开关；

在保证照度的前提下采用自然光照明。

（7）热水器的使用：

减少洗浴次数和使用时间；

提倡使用太阳能热水器；

用淋浴代替盆浴；

安装热水器时，在保证安全的前提下，尽量减少热水管道长度；

使用电热水器，热水用量大且使用频繁，可让热水器始终通电保温状态，比凉水烧热更省电。

（8）电视与娱乐设备的使用：

尽可能选购低能耗电视机及其他娱乐设备，小尺寸屏幕电视耗能远低于大尺寸屏幕电视；

电视机不要安放在过于明亮的位置，白天拉上窗帘后可相应降低电视机亮度；

在观看电视或听音乐时，电视机的亮度和音响的声音开到合适即可，不需要画面时可设为音响方式；

在观看完电视后切断电源，防止待机耗能。

（9）空调：

不宜频繁开关空调，导致耗电量增大且易损坏压缩机；

将风扇放在空调内机下方，利用风扇风力可提高制冷效果；

空调开启几小时后关闭，随后开风扇，既舒适又省电；

空调在除湿模式工作，即使室温稍高也能让人感觉凉爽，且比制冷模式省电；

定期清洁空调过滤网；

提倡关闭空调工作指示灯，既能降低晚间卧室亮度又节电；

空调温度设定夏季不低于 26 度，冬季不高于 20 度，及时关闭电器电源。

（10）卫生洁具的使用：

尽量选用环保型洁具，以减少生活用水的消耗；

提倡使用各种废水冲洗马桶或蹲便器；

水箱损坏要及时修理，防止

出现“长流水”。

（11）日常用品：

选用不含氟的摩丝、空气清新剂等，减少对大气层的破坏；

购买不含镉和汞的环保电池；

提倡不购买过度包装或包装过分精美的物品；

单面废纸可给小朋友作草稿纸；

不用或少用一次性塑料袋，提倡使用布质环保购物袋；

减少纸巾使用，提倡使用手帕；

生活垃圾分类收集处理，可备用 3 个废物回收器：分别收集可回收物、不可回收物和有害废物，定时送至指定垃圾分类回收点。

（12）宠物饲养：

文明饲养宠物，防止惊扰他人；

禁止饲养野生动物，不提倡饲养鸟类；

饲养犬只、猫，应当按照规定定期免疫，接种狂犬病疫苗等，凭动物诊疗机构出具的免疫证明向所在地养犬登记机关申请登记；

携带犬只出户应当按照规定佩戴犬牌并系不超过 1.5 米的犬绳，携犬外出时，要使用犬链（绳）牵领，主动避让行人和车辆，避免犬只接近老人、儿童、孕妇等特殊群体；

遵守公共场所携犬禁入规定，不带犬只乘坐公交车，不得由16岁以下的未成年人单独携带犬只；

要防止犬吠影响他人休息，必要时为犬只戴上嘴套；

不饲养大型犬、烈性犬，养犬前对自身是否适合养犬做好评估，如遇周边邻居强烈反对时，请自觉放弃；

不放任犬只践踏生活小区、公共绿地、草地花圃，外出遛犬时随身备好小铲子和塑料袋，及时清理犬的粪便；

如发生犬只不慎咬伤他人时，积极对伤者实施救治，采取免疫措施，并对犬只进行检查，必要时，交由主管部门依法处置；

尊重生命，对病犬、伤犬、死犬妥善处置，不遗弃动物。

**2. 生产经营中的生态文明行为**

（1）农业生产经营：

提倡开展绿色农业、有机农业生产经营；

尽可能少用化肥、农药，选择正规厂家生产的低毒低残留农药，提倡使用有机肥；

不得使用国家已经禁止使用的农药，杜绝违规喷洒农药；

待售蔬菜瓜果严禁喷洒农药，采摘蔬菜瓜果在夏季前7天、春秋季前7~10天、冬季前15天不得喷洒农药，保证安全间隔期；

不焚烧秸秆，提倡秸秆资源化利用；

农业生产中覆盖的地膜应及时回收，不得随意丢弃在田间；

畜禽养殖中产生的粪便和废水应按规定处理，防止产生严重异味。

（2）工业和建筑业生产经营：

严格执行国家环境保护法律法规，落实环境保护要求；

加大环保投入，探索清洁生产，提升节能环保水平；

配合环保部门做好环保实时监测；

开展技术创新，研发生态环保产品，提高产品回收再利用水平；

提高产品质量，提升产品使用周期；

提倡产品简约包装，不过度包装产品；

主动接受社会监督，建立良好公共关系和社区关系；

提倡使用节能环保建筑材料，发展绿色建筑，建筑材料不选用石棉和石棉制品；

石棉材料在切割、拆除、搬运等过程中不当处置将导致大量肉眼不可见的石棉纤维污染环境，威胁人体健康，拆除石棉建筑材料和处置各类石棉废弃物应请专业人员严格按照有关规程操作；

开展文明施工，做好施工场地围挡和扬尘喷淋，提倡湿式作业，做好防尘降噪；

严格执行职业病预防要求，企业应为作业人员配备防护设施、设备，工人在作业时应主动做好防护，不得在没有严格防护措施的条件下作业。

（3）服务业经营：

服务业在经营活动中应当采取有效措施，消除或减轻其经营活动对周围环境的影响；

减少一次性用品的使用，不主动提供一次性用品，提倡使用可重复循环使用的产品；

不得在室外设置并使用产生高噪声污染的音响设备；

摄影扩印等服务业产生的废显影、定影液等危险废物必须有关规定处置，不得随意排放和倾倒；

不露天烧烤食品；

餐厨垃圾应按照规定收集、运输和处置，禁止用泔水饲养动物；

提倡餐饮外卖使用绿色环保包装，不得使用一次性不可降解泡沫塑料餐饮具和厚度在 0.025 毫米以下的不可自然降解塑料包装袋；

不使用含磷洗涤剂；

使用环保洗车设备和清洁剂，减少洗车用水和污水；

开展绿色物流，提倡物流快递业应用电子面单来替换传统纸质面单、采用环保快递袋，用可循环 50 次以上的环保袋替代编织袋进行小件集包；

加强废纸、废塑料、废旧轮胎、废金属、废玻璃等再生资源回收利用，提升资源产出率和回收利用率。

**3. 日常办公中的生态文明行为**

（1）纸张使用：

提倡使用再生纸、双面打印；

缩小字号、减小页边距，使用 Arial 字体，左边页边距设为 2.54 厘米，右边页边距设为 1.27 厘米，1 张纸的使用效果可相当于 3 张纸；

提倡使用铅笔，促进纸张重复使用；

尽量避免使用涂改液；

单面空白纸质可重复利用，尽可能重复利用信封。

（2）餐饮用具使用：

提倡自带勺子、筷子、餐巾和午餐饭盒，少用一次性餐具；

不用或少用一次性纸杯或塑料容器；

（3）电器使用：

电脑能源管理设置为超过 5 分钟未使用屏幕，电脑进入睡眠模式；

下班后关闭办公室内所有电器，提别提醒一台落地式饮水机一个昼夜可消耗 2 度电；

选购节能环保产品；

冰箱、微波炉、电磁炉、影印机等高功率电器需分路控制；

及时修复电力漏洞以及坏掉的电灯；

采用节水水龙头和节能干手机。

（4）空调使用：

制冷温度可考虑设定在26~28摄氏度之间，尽量使用自然通风；

避免或减少阳光对制冷区域的直射；

温度适宜时，改中、低风，降低噪音、能耗。

（5）其他：

尽量重复使用包装箱，报纸撕碎可用做包装箱内的填充物；

尽可能使用自然采光；

低楼层办公提倡爬楼梯，尽可能减少电梯使用量；

办公室放置绿植。

**4. 旅游出行中的生态文明行为**

（1）出行：

倡导出行拼车或乘用公交车辆，选择污染少、能耗低的交通工具，同等距离火车比飞机更环保，公共交通工具比私人交通工具更环保；

垃圾按分类投放标准投入垃圾箱，不随便丢弃垃圾；

随身自带环保袋，减少一次性塑料袋的运用；

随身自带水杯，减少一次性水杯的使用；

杜绝疲劳驾驶和酒后驾车，控制车速，注意礼让；

维护国家生物安全，出境旅游不得将生肉瓜果、外来植物和动物带入境内。

（2）住宿：

房间灯够用即可，不用全开；

房间尽可能保持自然通风，使用空调时将温度设定在合适温度；

连续住宿尽可能减少客用拖鞋、毛巾、床单、被罩等用品的更换；

自带有洗漱用具，减少一次性洗漱用品的使用。

（3）就餐：

适量点餐，够吃光盘为宜；

禁止食用野生动物；

使用“公筷公勺”；

减少一次性水杯和筷子的使用；

提倡未吃完的食品打包带走。

（4）游览：

文明旅游，维护环境卫生、遵守公共秩序、保护生态环境、爱护公共设施、尊重当地风俗习惯；

不得在珍惜文物古迹和其他设施上刻画、涂画、攀爬；

不随地吐痰、乱扔废弃物、践踏草坪；

保护动物，不向动物投食；

不在禁烟场所吸烟，不在公共场所高声喧哗；

不在森（树）林、草地和其他易燃物聚集地及有防火提示的地方吸烟、烧烤或者使用明火；

潜水时不要惊扰和碰触海洋生物，珊瑚和海星都是活的生命，不要折断或取走珊瑚，不要带走海星；

不要将野生动物带回家，发现受伤小动物要主动向林业部门或森林公安部门报告；

选择合适的地方露营和野炊，不要惊扰野生动物，做好防火措施，离开时应清理好现场并带走所有垃圾。

（5）购物：

旅游购物提倡选用本地、当季、包装简单的商品；

尽量了解所购商品相关知识，辨别真假优劣；

理性消费，文明有序购物；

禁止购买野生动物及其制品。

**5. 节事活动中的生态文明行为**

提倡节约从简，减少铺张浪费，杜绝大操大办；

使用生态环保和节能产品；

减少一次性用品的使用；

宴会剩菜提倡打包带走；

禁止随意乱丢垃圾；

参加活动遵守秩序，预防踩踏；

开展文明祭祀，提倡绿色祭扫，切实预防火灾。

## 四、废物利用

**1. 旧长筒袜做靠垫**

准备一些破旧长筒袜，依次将筒部剪下，里面塞满棉花或碎海绵，接着把袜筒接缝起来，盘卷成圆盘状，用针线缝好，上面再加一些小装饰，就做成了美观实用的靠垫了。

**2. 废旧海绵使花木长时间得到充足的水分**

将废旧海绵放在花盆底部，上面盖一层土，在浇花的时候，海绵可以起到蓄水作用，较长时间地供给花木充足的水分。

**3. 废油巧利用**

原料：炸食物用过的废油、餐巾纸。

步骤：

①将厨房用纸浸泡在油里，浸透为止；②用浸了油的纸巾擦抹有油污的抽油烟机；③5 分钟后再用热水冲洗，抽油烟机就很干净了。

**4. 零碎布的利用**

边角碎布的用途很多，例如，做孩子衣服时，可以选择一些色泽鲜艳的碎布，剪成有趣的小动物图案，作为贴布花，贴在儿童的膝盖等处，既能增加美观，起到装饰作用，还可以增加这些部位的牢固性，延长衣物寿命。

**5. 废旧盒子的做笔筒**

原料：用废旧的盒子（如牙膏盒）。

步骤：①把牙膏盒在 1 门处剪下，将它和 2/3 的另一部分并列用双面胶黏在一起；②用彩色卡纸画 2 个高低比黏好的盒子略高一些的卡通画像；③把 2 个卡通画像黏在牙膏盒的两边，一个漂亮的笔筒就做好了。

**6. 巧用废瓶子**

（1）自制小喷壶：

准备一些废瓶子，在瓶子的底部锥些小孔，小喷壶就制成了。

（2）制量杯：

有些瓶子上有刻度，稍加工后就可利用其做量标用。

（3）使衣物香气袭人：

用完的香水瓶、化妆水瓶等不要扔掉，打开盖后放在衣箱或衣柜里，会使衣物变得香气袭人。

（4）擀面条：

擀面条如找不到擀面杖，可用空玻璃瓶代替。灌有热水的瓶子擀面条，可以使硬面变软。

（5）除领带皱纹：

打皱了的领带可卷在圆筒状的啤酒瓶上，次日早晨即可消除。

（6）制漏斗：

将用完的空矿泉水瓶或可乐瓶用剪刀从中部剪断，上半部分即可做漏斗。

**7. 巧用废瓶盖**

（1）洁墙壁刷：

将几只啤酒瓶盖钉在小木板上，留开手柄，便制成一个小铁刷。可刮去鱼鳞、贴在墙壁上的纸张和鞋底上的泥土等，用途很广。

（2）肥皂盒垫：

将瓶盖垫在肥皂盒中，可使肥皂不与盒底的水接触，还可节约肥皂。

（3）椅腿护垫：

在椅子的每个腿上安装一个输液瓶上的橡胶瓶盖作为缓冲物，可防止搬动椅子时发出刺耳的响声，还可以保护椅子的腿。

（4）保护房门面：

将废弃的橡皮盖子用胶水固定在房门的后面，可防止门在开关时的碰撞，起到保护房门面的作用。

## 五、垃圾分类

### （一）什么是垃圾分类

垃圾分类是指将性质相同或相近的垃圾分类装置，按照指定时间、种类，将该项垃圾放置于指定地点，由垃圾车予以收取，或投入适当回收系统，从而使生活垃圾转变成公共资源的一系列活动的总称。

### （二）为什么要进行垃圾分类

我国长期使用的“产生多少—收运多少—处理多少”的生活垃圾处理模式，已无从破解“垃圾围城”的现实困局。转变垃圾处理理念，通过垃圾分类回收，推动建立预防产生与多元治理并举的垃圾处理模式，实现生活垃圾的资源化、减量化、无害化，逐步建立“避免产生—资源回收—分类处理—能量循环”的垃圾管理新模式。有利于从源头上避免或减少垃圾产生，进而减少垃圾最终处理量、提高资源回收利用率、减少二次污染、降低处理成本、节约资源能源，具有很强的社会效益、经济效益和生态效益，是我国加快推进生态文明建设的重要举措，也是一项紧迫的战略任务。

### （三）如何进行垃圾分类

垃圾分类回收需要政府建立完善的垃圾分类回收处理系统，更需要增强公民环保意识，培养保护环境、减少废弃的观念和习惯，积极参与垃圾回收工作。重点是掌握垃圾分类的方法和要求：

#### 1. 垃圾分类的基本方法

目前，我国主要采用的垃圾分类方法为四分法。即将生活垃圾分为可回收垃圾、有害垃圾、餐厨（易腐）垃圾、其他垃圾 4 类。

我国各地可以根据《生活垃圾分类制度实施方案》，因地制宜选择确定易腐垃圾，可回收垃圾等强制分类的类别，但对于有毒有害垃圾，各地必须强制分类。

#### 2. 垃圾分类的基本要求

（1）可回收物：

表示适宜回收利用的生活垃圾，包括纸类、塑料、金属、玻璃、织物等。可根据要求可回收物投入蓝色垃圾桶并鼓励出售。

**5-2 可回收物**

（2）有害垃圾：

表示《国家危险废物名录》中的家庭源危险废物，包括灯管、家用化学品、电池等，打印机的硒鼓、墨盒也属于有害垃圾。有害垃圾投放时要保持物品完整性，有害电池等应防止有害物质外漏，废荧光灯管应防止灯管破碎。

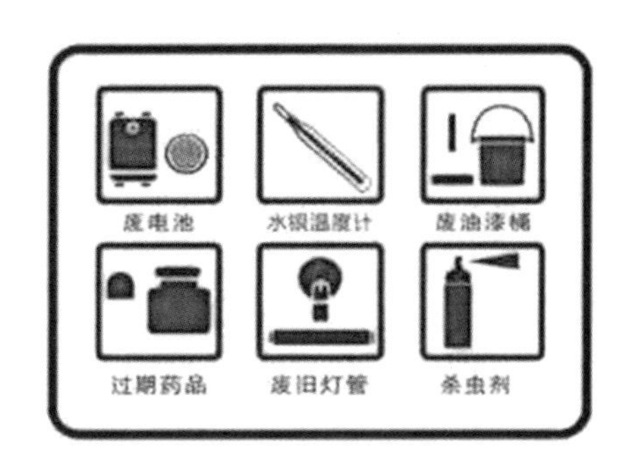


有害垃圾投入红色垃圾桶，分选后回收利用或安全填埋。

5-3　有害垃圾

（3）厨余（易腐）垃圾：

表示易腐烂的、含有机质的生活垃圾，包括家庭厨余垃圾、餐厨垃圾和其他厨余垃圾等，也称为湿垃圾或有机垃圾。易腐垃圾要投入绿色垃圾桶，一般运用好氧堆肥、厌氧产沼或生物技术处理。

易腐垃圾
Perishable waste

易腐垃圾投入绿色垃圾桶，一般运用好氧堆肥、厌氧产沼或生物技术处理。

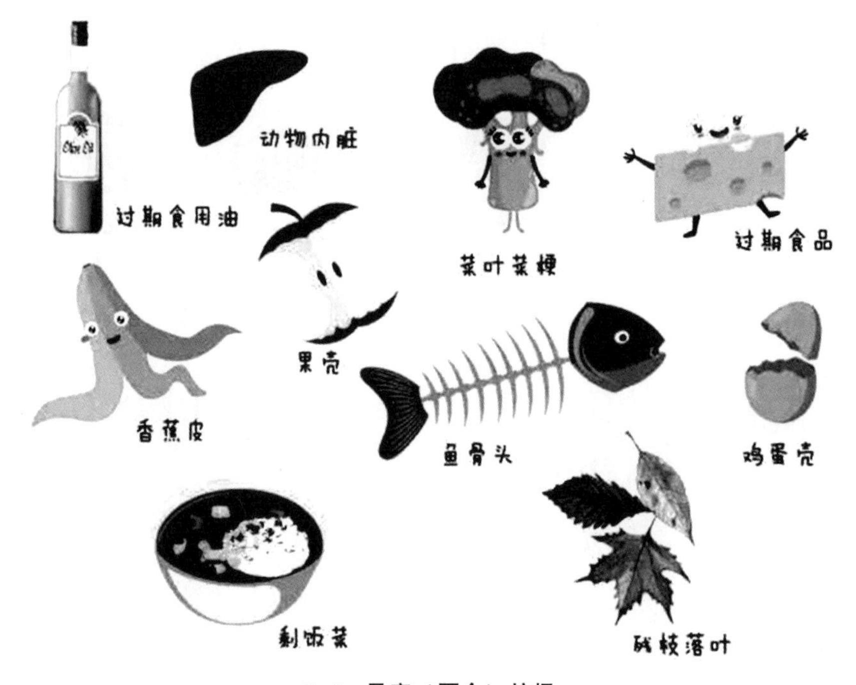


5-4 易腐（厨余）垃圾

(4) 其他垃圾：

表示除可回收物、有害垃圾、厨余垃圾外的生活垃圾，也称为干垃圾或无机垃圾。主要包括：废弃的卫生纸、纸尿裤、陶瓷制品、海绵、旅行袋、球类、花盆等。其他垃圾投入灰色垃圾桶，回收后经处理送去垃圾填埋场或垃圾焚烧发电厂。

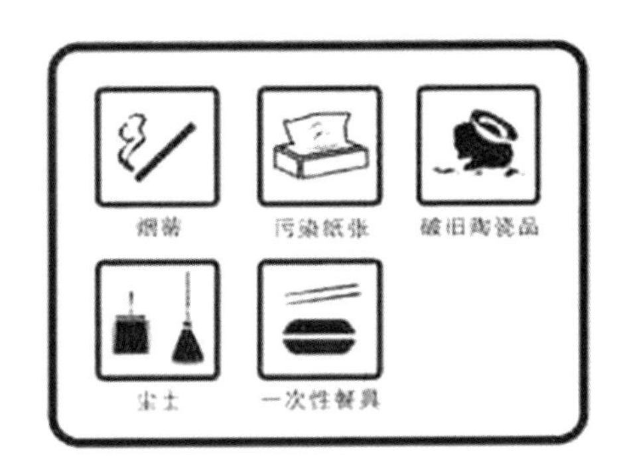


其他垃圾
Other waste

其他垃圾投入灰色垃圾桶，送去焚烧发电。

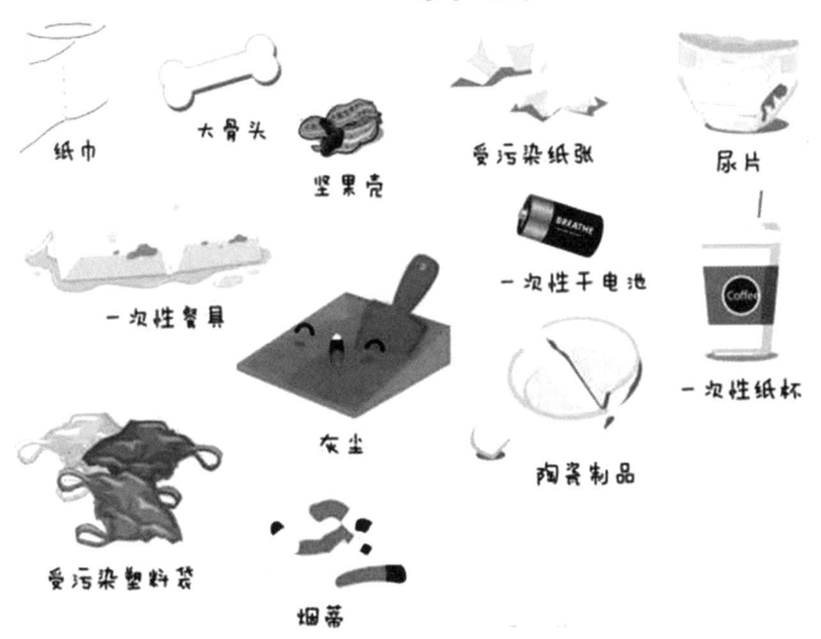


5-5 其他垃圾

**3. 常见生活垃圾投放**

（1）零食和零食包的分类投放。一般的零食外包装，是由两种以上的复合材料制成的，属于其他垃圾；袋中吃剩的零食属于餐厨垃圾；零食中的干燥剂则属于其他垃圾。

（2）饮料和饮料包装的分类投放。纯流质的饮料包装丢弃前，要先把剩下的饮料倒掉。易拉罐包装属于可回收垃圾，牛奶盒、玻璃罐、塑料瓶也都是可回收垃圾。含有果肉等非流质的部分要作为餐厨垃圾丢弃。

（3）冲泡饮品残渣的分类投放。茶叶渣、中药渣、现磨咖啡剩余啡豆的残渣等都属于餐厨垃圾。

（4）调味品和容器的分类投放。过期的辣酱、甜面酱等酱料和盐、味精、胡椒粉等调料属于餐厨垃圾；废弃的食用油等属于纯流质的垃圾直接倒入下水口。

盛调味品的玻璃瓶属于可回收垃圾，应洗净后放入可回收垃圾容器中；调味品的塑料包装属于其他垃圾。

（5）水果的分类投放。一般的水果果肉、果皮、果核（易腐烂的）属于餐厨垃圾，像榴莲壳等特别坚硬的外壳不易腐烂，也难粉碎，不利于堆肥处理，属于其他垃圾。

（6）塑料制品的分类投放。大多数塑料制品属于可回收垃圾，能够成为再次利用的再生料。薄型塑料袋循环利用的价值很低，且用后易被污染，属于其他垃圾。

（7）CD、DVD、X 光片等的分类投放。CD、DVD、X 光片以及磁带、录像带等的感光材料中含有有害成分，属于有害垃圾。

（8）旧玩具的分类投放。废旧的塑料类玩具、毛绒玩具属于可回收垃圾，废弃的轻质黏土、橡皮泥等属于其他垃圾。

（9）废旧陶瓷碗盆的分类投放。破碎的陶瓷碗盆等基本不再有循环利用的价值，属于其他垃圾。

（10）电子产品的分类投放。手机、电脑等电子产品属于可回收垃圾，需要经过专业的拆解和处理。才能再利用。

（11）电蚊香器等的分类投放。电蚊香器的外壳如果是塑料做成的，则属于可回收垃圾；电蚊香片和电蚊香液等属于有害垃圾。

（12）过期药品的分类投放。过期药品属于有害垃圾，要连带内包装投放到有害垃圾收集容器或医院、药店的废旧药品回收箱中，药品的外包装纸盒属于可回收垃圾。

（13）过期化妆品的分类投放。化妆品一般成分复杂，过期的化妆品更有可能因为氧化等化学反应成分有所变化，因此，将其归为有害垃圾谨慎处理更合适一些；化妆品的包装瓶一般是塑料或玻璃制品，清洗干净后可以回收处理。

（14）书刊报纸的分类投放。书刊报纸有极高的回收利用价值，属于可回收垃圾，但是报纸等如果被油污污染应投放到其他垃圾收集容器中；使用过的厕纸等属于其他垃圾；湿纸巾不易腐烂，属于其他垃圾。

（15）宠物垃圾的分类投放。宠物粪便不应进入垃圾处理系统，而应进入粪便处理系统，因此，宠物在户外排下的粪便应投入公共厕所便池或带回家中，通过抽水马桶处理。

（16）衣物纺织品的分类投放。建有专用衣物投放回收箱的，衣物纺织品投入专用回收箱。未建有专用衣物投放回收箱的，按可回收物投放。

（17）大件垃圾的投放。废旧床、床垫、沙发、电视、冰箱等大件家具、家电可卖至二手市场或运至指定回收点回收，不能投放在生活垃圾内。

（18）装修垃圾的投放。装修中的剩余可用材料可转让他人，纸质包装等可以回收利用的按可回收物投放，废旧油漆及油桶、胶水按有害废物投放，其余不可用垃圾运送至装修垃圾指定回收点。

# 参考文献

蔡守秋. 生态文明建设的法律和制度［M］. 北京：中国法制出版社，2016.
蔡晓明. 生态系统生态学［M］. 北京：科学出版社，2000.
蔡昱. 我国生态文明建设中的城市垃圾处理问题研究［D］. 山西：山西财经大学，2015.
曹凑贵. 生态学概论［M］. 北京：高等教育出版社，2006.
曾繁仁. 当代生态文明视野中的生态美学观［J］. 文学评论，2005（04）：48-55.
曾繁仁. 生态美学导论［M］. 北京：商务印书馆，2010.
曾辉. 快速城市化地区景观的复合研究，以深圳市龙华地区为例：［D］. 北京大学.
曾祥慧. 适应生态的写意高于生活的范本——黔东南苗族服饰与生态［J］. 贵州民族研究，2013（06）.
常纪文. 新时代中国生态环境保护的成绩、经验与新要求［J］. 中国环境管理，2018，10（03）：6-8.
车将. 西北生态农业及产业化模式研究［D］. 咸阳：西北农林科技大学，2015.
陈德敏. 循环经济的核心内涵是资源循环利用——兼论循环经济概念的科学运用［J］. 中国人口·资源与环境，2004，14（2）：4.
陈泓. 生态适应下的黔东南传统侗族聚落［J］. 贵州民族研究，2015（12）.
陈健飞. 美丽中国之健康的土壤［M］. 广州：广东科技出版社，2013.
陈仁杰，阚海东. 雾霾污染与人体健康［J］. 自然杂志，2013，35（05）：342-344.
陈涛. 发展生态旅游的意义及对策探究［J］. 农村·农业·农民（B版），2020，（09），27-28.
陈天乙. 生态学基础教程［M］. 天津：南开大学出版社，1995.
陈学进. 秦汉时期的环境保护思想［D］. 石家庄：河北师范大学，2011，12.
崔援民. 河北省城市化战略与对策［M］. 石家庄：河北科学技术出版社，1998.
戴备军. 循环经济实用案例［M］. 北京：中国环境科学出版社，2006.
蔡晓明. 生态系统生态学［M］. 北京：科学出版社，2000.
戴嘉艳. 达斡尔族农业民俗及其生态文化特征研究［J］. 北京：中央民族大学，2010.
点点. 低碳生活小诀窍［J］. 北京农业，2011（1）：49.
董洪光. 我国生态文明建设中的法制建设研究［D］. 锦州：渤海大学，2018.
董丽娟. 民俗经济学视野下民俗之于经济的影响［J］. 文化学刊，2013（3）.
董战峰. 中国生态文明建设取得新的重大成就为“十四五”奠基·北极星大气网. 2020. 11. 5.
范品言. 生态美学视域下的生态纪录片研究［D］. 兰州：西北师范大学，2014.
冯翰林，刘明，陈胜男，等. 论省级生态环境保护督察制度的完善［J］. 中国环境管理，2020（4）.

冯天博. 新时代生态宜居美丽乡村建设研究［D］. 长春：吉林大学. 2020.5
冯颖竹，陈惠阳，余土元，等. 中国酸雨及其对农业生产影响的研究进展［J］. 中国农学通报，2012，28（11）：306-311.
冯永昌. 中华传统文化中的生态文化范式与生态文明建设［J］. 天津市社会主义学院学报，2014（1）.
冯之浚. 论循环经济［J］. 中国软科学，2004（10）：9.
高丙中. 民俗文化与民俗生活［M］. 北京：中国社会科学出版社，1994.
高宜新. 生态文明与新型工业化的辩证思考［J］. 生态经济，2009（2）：4.
歌德伯戈・钦洛依. 城市土地经济学［M］. 北京：中国人民大学出版社，1990.
辜胜阻. 非农化及城镇化理论与实践［M］. 武汉：武汉大学出版社，1993.
官东政. 清洁生产、生态工业和循环经济［J］. 环球市场信息导报，2017（26）：1.
光明网：《民法典》在推进生态文明建设中的重要作用［EB/OL］. https://theory. gmw. cn/2020-08/11/content_34076752. htm.
郭玉红，胡展耀. 雷公山区生物多样性与苗族传统文化耦合传承关系析略［J］. 原生态民族文化学刊，2014（01）.
郝金刚. 低碳生活从每一个细节做起［EB/OL］. http：//www. chinavalue. net/Finance/Blog/2010-4-13/315675. aspx
贺向泽. 生态文明建设中的法律体系研究［D］. 锦州：渤海大学，2018.
洪湖湿地，http：//lushan. shidi. org/.
胡卉哲，吕丽等. 绿色选择手册［R］. 自然之友，2008.
胡锦涛. 高举中国特色社会主义伟大旗帜为夺取全面建设小康社会新胜利而奋斗［M］. 北京：人民出版社，2007.
胡锦涛. 坚定不移沿着中国特色社会主义道路前进为全面建成小康社会而奋斗［M］. 北京：人民出版社，2012.
湖州桑基鱼塘的农作智慧—新闻—科学网［EB/OL］. http://news. sciencenet. cn/htmlnews/2017/1/366231. shtm
皇甫睿. 生态文明视角下苗族无盖藏文化的生态价值［J］. 原生态民族文化学刊，2016（01）.
黄昌勇. 土壤学［M］. 北京：中国农业出版社，2000.
黄雯. 乡村振兴兴战略视域下 A 市美丽乡村建设问题研究［D］. 济南：山东大学，2020.6
姬彦松. 福州市生态城镇建设研究［D］. 福州：福建农林大学，2014.
贾绍凤，刘俊著. 大国水情中国水问题报告［M］. 武汉：华中科技大学出版社，2014.
江苏苏州太湖国家湿地公园，百度百科［DB/OL］. https://baike. baidu. com/item/%E6%B1%9F%E8%8B%8F%E8%8B%8F%E5%B7%9E%E5%A4%AA%E6%B9%96%E5%9B%BD%E5%AE%B6%E6%B9%BF%E5%9C%B0%E5%85%AC%E5%9B%AD/24444651.
江西新增一批 5A、4A 级乡村旅游点，快来为它们打 Call 吧！［EB/OL］. https://new. qq. com/rain/a/20210203A0337900.
江泽民. 全面建设小康社会开创中国特色社会主义事业新局面［M］. 北京：人民出版社，2002.
姜晓雪. 我国生态城市建设实践历程及其特征研究［D］. 哈尔滨：哈尔滨工业大学，2015.

孔海南，吴得意. 环境生态工程［M］. 上海：上海交通大学出版社，2015.
李干杰. 以习近平生态文明思想为指导动员全社会力量建设美丽中国. 中国人大网. 2018.07.16.
李春秋，王彩霞. 论生态文明建设的理论基础［J］. 南京林业大学学报（人文社会科学版），2008（03）：7-12.
李金才. 生态农业标准体系与典型模式技术标准研究［D］. 北京：中国农业科学院，2007.
李润东. 生态保护红线法律制度研究［D］. 桂林：广西师范大学，2017.
林炳伟，刘畅. 人类文明的起源及其分布［J］. 中学地理教学参考，2002（11）：58-59.
林灿英. 环境行政公益诉讼制度研究［D］. 长沙：湖南师范大学，2020.
刘德玉，王志，宋成琴. 鲁北生态工业园：循环经济实践的“标本”［J］. 瞭望新闻周刊，2005.
刘新庚，曹关平. 公民生态行为规范论［J］. 求索，2014（01）：81-86.
刘勇，姚星. “3R”原则指导下的农工一体化循环经济模式——对贵港国家生态工业（制糖）示范园建设的分析［J］. 生态经济，2005（A10）：5.
娄格. 新时代美丽乡村建设研究［D］. 长春：长春理工大学.
麓林湖养生公馆，http：//www. lulinhu. cn/.
罗康隆，戴宇. 侗族饮食习俗的生态维护功能研究［J］. 黔南民族师范学院学报，2017（05）.
罗晓娜. 生态文明素养测评体系的构建与检验［D］. 北京：北京林业大学，2011.
骆世明. 农业生态转型态势与中国生态农业建设路径［J］. 中国生态农业学报，2017，25（01）：1-7.
马世骏，王如松. 社会—经济—自然复合生态系统［J］. 生态学报，1984，4（1）：1-9.
梅州雁南飞茶田景区. 百度百科［DB/OL］. https://baike. baidu. com/item/%E6%A2%85%E5%B7%9E%E9%9B%81%E5%8D%97%E9%A3%9E%E8%8C%B6%E7%94%B0%E6%99%AF%E5%8C%BA/15401146.
蒙培元. 张载天人合一说的生态意义［J］. 人文杂志，2002（5）.
蒙培元. 中国的天人合一哲学与可持续发展［J］. 中国哲学史，1998（3）.
蒙培元. 中国哲学生态观论纲［J］. 中国哲学史，2003（1）.
齐宁. 伊春市生态城市建设的问题和对策［D］. 哈尔滨：哈尔滨工业大学. 2017.
前瞻产业研究院. 我国森林康养产业发展现状及趋势［EB/OL］. https://f. qianzhan. com/chanyeguihua/detail/180829-4b75f9e4. html.
钱易. 生态文明的由来和实质［J］. 秘书工作，2017（01）：73-75.
曲艳玲. 推广环保消费倡导绿色生活［C］. 华北五省市区环境科学学会第十八届学术年会. 2013.
全国生态旅游发展规划（2016-2025年）［EB/OL］. http://www. gov. cn/gongbao/content/2017/content_ 5194900. htm.
让森林拥抱城市！安吉凭什么荣获“全国森林康养示范区”［EB/OL］. 浙江新闻，https：//zj. zjol. com. cn/news/675130. html.
山田浩之. 城市经济学［M］. 大连：东北财经大学出版社，1991.
沈建法. 城市化与人口管理［M］. 北京：科学出版社，1999.
沈颖. 中国竹文化的生态美学价值研究［D］. 南京：南京林业大学，2015.

生活妙招网. 生活中的“废物利用”大全［EB/OL］. https://www.lifeskill.cn/Html_jiaju_jjmz/2011/2011033113176.shtml.

生态环境部中央精神文明建设指导委员会办公室教育部中国共产主义青年团中央委员会中华全国妇女联合会. 关于公布《公民生态环境行为规范（试行）》的公告［Z］. 2018-06-04.

生态旅游的四个效益，为敬畏自然博客［EB/OL］. http://blog.sina.com.cn/s/blog_7398422d0101856s.html#commonComment.

史军，柳琴. 传染病危机的生态伦理学反思［J］. 阅江学刊，2020,12（02）:44-53+128.

搜狐-东经艺网. 温州加入“垃圾分类”队伍！再不学要罚款啦！［EB/OL］. https://www.sohu.com/a/324841893_716037

搜狐绿色. 绿色生活行动低碳生活小窍门——绿色办公［EB/OL］. http://green.sohu.com/20110516/n307611194.shtml

孙春鹏，周砺，李新红. 我国江河洪水季节性规律初步分析［J］. 中国防汛抗旱，2010,20（05）：40-41+45.

孙金华，王思如，朱乾德. 水问题及其治理模式的发展与启示［J］. 水利水电快报，2018，39（12）：3.

孙佑海. 从反思到重塑：国家治理现代化视域下的生态文明法律体系［J］. 中州学刊，2019（12）.

孙兆臣. 倡导低碳生活家用电器先行［C］. 云南低碳发展科技论坛论文集. 2010.

唐元. 我国必须加快绿色工业发展［J］. 2010 中国绿色工业论坛，2010.

汪光焘关于当代中国城镇化发展战略的思考［J］. 中国软科学，2002（11）.

汪恕诚. 怎样解决中国 4 大水问题［J］. 水利经济，2005（02）：1-2+6-65.

王党强. 丹麦卡伦堡生态“工业共同体”——我国生态工业园区的反思与超越［J］. 环境保护与循环经济，2016，036（008）：4-8.

王芳. 环境与社会：跨学科视阈轩的当代中国环境问题［M］. 上海：华东理工大学出版社，2013. 07.

王冠文. 生态文化的多维审视及建构研究［D］. 大连：大连海事大学，2018.

王加华. 节气、物候、农谚与老农——近代江南地区农事活动的运行机制［J］. 古今农业，2005（2）.

王建敏. 绿色工业发展的现状、问题与对策研究——法律层面的思考［C］//决策与管理研究（2007—2008）—山东省软科学计划优秀成果汇编（第七册·上）. 2009.

王腊春. 中国水问题［M］. 南京：东南大学出版社，2007. 09.

王润清. 雾霾天气气象学定义及预防措施［J］. 现代农业科技，2012（7）：44.

王思明，沈志忠. 中国农业发明创造对世界的影响——在 2011 年“农业考古与农业现代化”论坛上的演讲［J］. 农业考古，2012（01）：26-32.

中国环保网：http://www.chinaenvironment.com/view/ViewNews.aspx

王延贵，王莹. 我国四大水问题的发展与变异特征［J］. 水利水电科技进展，2015，35（06）：1-6.

吴兑. 霾与雾的识别和资料分析处理［J］. 环境化学，2008，27（3）：327-330.
吴兑. 再论都市霾与雾的区别［J］. 气象，2006，32（4）：9215.
吴季松. 循环经济：全国建设小康社会的必由之路［M］. 北京：北京出版社，2003.
吴庆梅，张胜军. 一次雾霾天气过程的污染影响因子分析［J］. 气象与环境科学，2010，33（1）：12-16.
吴素萍. 中国传统生态思想的当代思考［J］. 宁波教育学院学报，2015，12.
习近平. 走高效生态的新型农业现代化道路［N］. 人民日报，2007-03-21（009）.
习近平. 习近平谈治国理政（第二卷）［M］. 北京：外文出版社，2017.
习近平出席全国生态环境保护大会并发表重要讲话. 新华社. 2018. 05. 18.
习近平在中国共产党第十九次全国代表大会上的报告. 新华网. 2017. 10. 27.
现代林业. 百度百科，https：//baike. baidu. com/.
新华网：人大常委会不断完善生态环保法律体系［EB/OL］. http：//www. xinhuanet. com/local/2021-02/01/c_ 1127047725. htm2021-02-01.
熊凯. 大学生生态道德养成教育研究［D］. 南宁：广西民族大学，2012.
徐文钦. 低碳节能生活指南［M］. 福州：福建科学技术出版社，2011.
许学强. 城市地理学［M］. 北京：高等教育出版社，1997.
雅克·贝汉. 微观世界［M/CD］. 北京：华录电子音像出版有限公司，2010.
杨昂，孙波，赵其国. 中国酸雨的分布、成因及其对土壤环境的影响［J］. 土壤，1999（01）：14-19.
杨桂英. 臭氧层损耗的原因、危害及其防治对策［J］. 赤峰学院学报（自然科学版），2010，26（09）：128-130.
杨立新，王丽，高原. 论生态道德规范［J］. 环渤海经济瞭望，2009（06）：38-41.
杨新刚. 大气环境污染与人类健康的关系［J］. 绿色环保建材，2019（12）：45+48.
姚丽华. 气象学［M］. 北京：中国林业出版社，1992.
姚兴跃. 论臭氧层的破坏及其对策［J］. 西昌师范高等专科学校学报，2004（02）：125-126.
余谋昌. 环境公平是构建和谐社会的必要条件［J］. 环境，2006（3）.
余小芸. 生态城镇建设研究——以龙岩市白沙镇为例［D］. 福州：福建师范大学. 2016.
袁碧欣，姚林如. 大学生生态素养培育研究［J］. 重庆科技学院学报（社会科学版），2011（20）：167-169.
袁承程，张定祥，刘黎明，等. 近 10 年中国耕地变化的区域特征及演变态势［J］. 农业工程学报，2021，37（01）：267-278.
苑希民. 中国城市水利面临的严峻形势［J］. 中国水利，2001（03）：32-33+5.
中共中央国务院关于全面推进乡村振兴加快农业农村现代化的意见［M］. 北京：人民出版社，2021.
张岱年. 天人合一评议［J］. 社会科学战线，1998（3）.
张军英，王兴峰. 雾霾的产生机理及防治对策措施研究［J］. 环境科学与管理，2013，38（10）：157-159+165.

张磊. 新时代美丽乡村建设研究［D］. 哈尔滨：东北林业大学，2021.
张立超. 当前中国工业经济增长面临的挑战［J］. 环球财经，2014（9）：6.
张维真. 生态文明：中国特色社会主义的必然选择［M］. 天津：天津人民出版社，2015.
张文. 文明的起源与文明时代［J］. 中州学刊，1982（06）：50-51+49.
张祎娜. 挖掘中华传统文化资源促进生态文明建设［J］. 湖南社会科学，2018（3）.
张永香，巢清尘，黄磊. 全球气候治理对中国中长期发展的影响分析及未来建议［J］. 沙漠与绿洲气象，2018，12（01）：1-6.
章家恩，骆世明. 现阶段中国生态农业可持续发展面临的实践和理论问题探讨［J］. 生态学杂志，2005（11）：115-120.
赵立行. 世界文明史讲稿（修订版）［M］. 上海：复旦大学出版社，2017.
赵满华，田越. 贵港国家生态工业（制糖）示范园区发展经验与启示［J］. 经济研究参考，2017（69）：9.
赵其国，骆永明，滕应. 中国土壤保护宏观战略思考［J］. 土壤学报，2009，06.
赵越云. 原始农业类型与中华早期文明研究［D］. 杨凌：西北农林科技大学，2018.
这个地方被总书记带“火”，背后的故事却鲜为人知，中新网 https：//www. chinanews. com/sh/2020/06-13/9211509. shtml
郑子成，李廷轩，何淑勤，等. 保护地土壤生态问题及其防治措施的研究［J］. 水土保持研究，2006（01）：18-20+53.
中共中央文献研究室. 习近平关于社会主义生态文明建设论述摘编［M］. 北京：中央文献出版社，2017.
中国气象局. 地面气象观测规范［M］. 北京：气象出版社，2003.
中国新闻网：11 部门推动生态环境损害赔偿制度全面落地［EB/OL］. http://www. chinanews. com/gn/2020/10-16/9314220. shtml.
中央电视台纪录频道《寰宇视野》. 走近雅克·贝汉［EB/OL］
周生贤. 生态文明建设与可持续发展［M］. 北京：人民出版社，党建读物出版社，2011.
周长益. 中国绿色工业论坛文集（2010）［M］. 北京：北京理工大学出版社，2010.
朱馨培. 我国环境法庭大的发展障碍与对策研究［D］. 华东政法大学，2019.